AF459800

FERRET 1975

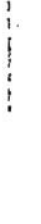

NOTIONS

D'ANATOMIE ET DE PHYSIOLOGIE

GÉNÉRALES

ESSAI

SUR LA PHYSIOLOGIE

DES ÉPITHÉLIUMS

PAR

ERNEST CABADÉ

DOCTEUR EN MÉDECINE.

PARIS

GERMER BAILLIÈRE, LIBRAIRE-ÉDITEUR,

17, RUE DE L'ÉCOLE-DE-MÉDECINE, 17.

1867

ESSAI

SUR LA PHYSIOLOGIE

DES ÉPITHÉLIUMS

NOTIONS
D'ANATOMIE ET DE PHYSIOLOGIE
GÉNÉRALES

ESSAI
SUR LA PHYSIOLOGIE

DES ÉPITHÉLIUMS

PAR

Ernest CABADÉ

DOCTEUR EN MÉDECINE.

PARIS
GERMER BAILLIÈRE, LIBRAIRE-ÉDITEUR,
17, RUE DE L'ÉCOLE-DE-MÉDECINE, 17.

1867

INTRODUCTION

> La seconde classe essentielle d'expériences physiologiques, où, sans affecter directement les organes, on modifie seulement sous un point de vue déterminé le système des circonstances extérieures, me paraît constituer, en général, le mode d'expérimentation le mieux approprié à la nature des phénomènes vitaux.
>
> AUGUSTE COMTE, *Cours de philosophie positive*, t. III, p. 227.

Exposer la physiologie des épithéliums dans les limites où l'on a généralement coutume de cantonner la physiologie d'un élément ou d'un organe, c'est-à-dire indiquer seulement le rôle qu'ils jouent et le fonctionnement qui leur est dévolu dès qu'ils sont formés, serait déjà une longue et difficile étude. Ce n'est cependant pas à ces proportions que je veux restreindre mon sujet. Je crois que la physiologie d'un élément doit comprendre sa naissance, son accroissement, la manière dont il se comporte dans l'économie en quelque endroit qu'on le rencontre, sa décadence pour ainsi dire sénile, et enfin sa mort. En un mot, je crois que sa physiologie n'est autre chose qu'une biographie complète.

Habitué à considérer les éléments anatomiques comme autant d'individualités propres, comme autant d'organes à dimensions infinitésimales, puisant exclusivement leurs propriétés, ou plutôt n'ayant d'autres propriétés que celles de la matière qui les constitue, il m'est impossible de voir dans leur naissance et leur accroissement des propriétés qui leur seraient étrangères, œuvres de forces qui ne résideraient point en eux.

Je n'ai pas la prétention de tracer d'une manière complète et didactique la physiologie des épithéliums, surtout en envisageant la question comme je viens de le faire, n'ayant pour cela ni le temps, ni surtout le talent nécessaire. Aussi, bien que décidé à suivre le plan que je viens d'indiquer, je me bornerai à une analyse sommaire des connaissances acquises d'une façon positive sur quelques points. On comprendra que je ne puis m'étendre longuement sur des sujets que mon maître, M. Robin, a traités avec une autorité que nul ne saurait contester.

Il me paraît utile de faire précéder ce travail d'un résumé très-succinct de l'anatomie des épithéliums. — Les notions de cet ordre sont liées d'une façon tellement étroite à la physiologie, qu'il est de jour en jour plus difficile d'établir entre ces deux sciences une délimitation bien nette. — Telle sera la première partie de mon travail. — Ce court résumé sera suivi d'une étude sur la naissance des cellules épithéliales, portant principalement sur quelques circonstances où cette apparition s'effectue d'une manière anormale. — Une troisième division comprendra l'histoire du rôle que jouent les épithéliums dans l'économie, et en particulier des points qui ont trait aux sécrétions. Enfin, dans un dernier chapitre, j'étudierai : la mort des épithéliums, leur desquamation et quelques phénomènes liés à une élimination incomplète ou nulle.

Je ne me dissimule pas combien ce plan, qui découle de la manière de voir exposée au début de cette introduction, complique mon sujet et rend ma tâche ardue ; aussi le mot *essai* que j'ai écrit en tête, est-il l'expression bien réelle du jugement que je porte sur mon travail.

ESSAI

SUR

LA PHYSIOLOGIE

DES ÉPITHÉLIUMS

PREMIÈRE PARTIE

NOTIONS ANATOMIQUES

Les éléments anatomiques figurés, connus sous le nom d'épithéliums, furent vus et décrits pour la première fois par Leeuwenhoek (1673), qui étudia surtout ceux de la bouche et de la peau, auxquels il donnait le nom de lamelles de l'épiderme. Ruysch, en 1705, donna aux cellules qui recouvrent le mamelon le nom d'*épithéliums*, et cette dénomination fut bientôt étendue aux éléments de l'épiderme en général. En 1831, Turpin fit paraître un travail très-bref, mais aussi très-intéressant sur ces mêmes éléments, qu'il assimila aux cellules épidermiques des végétaux. Plus tard (1835), Valentin compléta cette étude en même temps que Henle portait son attention sur les épithéliums à cils vibratiles, qu'il décrivait avec exactitude. Mais c'est seulement depuis 1850 que ces cellules ont été divisées en plusieurs variétés, et que chacune de ces classes a été parfaitement connue. Deux grandes divisions furent dès lors établies : l'une comprenait les épithéliums dits nucléaires, c'est-à-dire exclusivement constitués par un noyau ; l'autre, ceux qui se présentaient avec la forme et l'aspect d'une cellule. Cette seconde classe fut subdivisée en plusieurs variétés, suivant les formes diverses que présentaient ces épithéliums à forme cellulaire bien déterminée.

Le tableau suivant présente d'une manière synthétique les caractères de chacune des variétés, en même temps que leurs subdivisions :

Noyaux.	1re VARIÉTÉ. Épithéliums nucléaires généralement glanduleux ou accessoires des suivants.		Culs-de-sac de plusieurs glandes en grappe. Follicules de la cavité du corps utérin. Vésicules des glandes.
Cellules complètes.	2e VARIÉTÉ. Épithéliums sphériques généralement glanduleux chez les animaux à sang chaud.		Follicules gastriques. — intestinaux. Thyroïde-Thymus.
	3e VARIÉTÉ. Épithéliums cylindriques ou prismatiques.	*a*. Sans cils vibratiles.	Du cardia à l'anus.
		b. Avec cils vibratiles.	Conduits biliaires non sécrétants. Conduits prostatiques. Fosses nasales. Trachée.
	4e VARIÉTÉ. Épithéliums pavimenteux ou polyédriques.	*a*. Tégumentaire.	Peau. Conjonctive. Bouche et pharynx. Œsophage.
		b. Des glandes et parenchymes.	Glandes sébacées. — de l'aisselle. — salivaires. Foie. Rein. Poumon.
		c. Pigmentaires.	Cellules pigmentaires... Choroïde. Lamelles pigmentaires... Épiderme. Amas pigmentaires... Épid^{me}-tachse.

Je dirai successivement quelques mots de chacune de ces quatre variétés.

La première variété est une des grandes classes de la division des épithéliums; elle comprend les noyaux libres complétement dépourvus de matière périphérique; les noyaux sphériques ou ovoïdes mesurent de 6 à 8 millim. de diamètre. Bien que dans plusieurs circonstances leurs dimensions puissent varier de moitié, ils sont finement granuleux, l'acide acétique ne les dissout pas, mais il les pâlit un peu et rend leur contour plus net; la teinture de carmin les colore en rouge. A l'état normal, les noyaux ne renferment pas de nucléole; seuls, les noyaux épithéliaux des culs-de-sac mammaires en présentent un ou deux brillants. Mais, si l'organe qui les renferme devient le siége d'un travail morbide et surtout d'une hypertrophie, il est fréquent de les voir se charger d'un ou deux amas nucléolaires réfractant fortement la lumière. Cette variété d'épithélium se rencontre presque toujours comme élément anatomique accessoire, dans plusieurs des régions indiquées par le tableau; mais, pathologiquement, ils peuvent devenir par hypergénèse éléments fondamentaux.

Les cellules épithéliales sphériques, qui constituent la deuxième variété, ne se rencontrent jamais chez les animaux à sang chaud, comme élément anatomique principal. Leurs dimensions varient de 0,015 à 0,02. Leur noyau est entièrement semblable à ceux que je viens de décrire comme constituant la première variété. L'homme en présente dans la thyroïde, les uretères, les bassinets, les amygdales, les ganglions lymphatiques, les culs-de-sac de la muqueuse stomacale, et la rate; il en est de même chez tous les mammifères; chez les oiseaux, ce genre d'épithélium devient plus abondant, et d'une manière générale leur nombre augmente à mesure qu'on descend l'échelle zoologique. Il n'est pas rare de voir, dans les derniers degrés, les cellules pourvues de cils vibratiles.

Le tableau que j'ai présenté au début de cette courte notice anatomique indique suffisamment la place que les épithéliums prismatiques constituant la troisième variété, occupent dans l'organisme. Dans ces divers endroits, on les rencontre en effet sous la forme de cellules allongées, dont la dimension longueur est très-variable ; c'est ainsi qu'à la trachée ils mesurent de $0^{mm}.05$ à $0^{mm}.08$; aux trompes de $0^{mm}.02$ à $0^{mm}.03$, et dans certaines tumeurs de la trachée ou des fosses nasales ils peuvent acquérir jusqu'à $0^{mm}.1$ de long, tandis que leur largeur n'excède jamais $0^{mm}.01$. Ces dimensions variables entraînent des différences d'aspect suivant qu'on les considère dans la projection du grand ou du petit diamètre. Fréquemment on les voit présenter la forme d'une pyramide à quatre ou six faces, dont la base est tournée vers la surface qu'ils tapissent. Telles sont les formes typiques de l'épithélium prismatique; mais, soit dans les rares tumeurs formées de cet élément, soit sur les surfaces qu'il recouvre et dont une inflammation a modifié la structure, il n'est pas rare d'observer des déformations, en quelque sorte des variantes de conformation ; ou bien les deux extrémités de la cellule se prolongent en un mince filament, ou bien, si la cellule est pyramidale, son sommet présente une longueur et une gracilité inaccoutumées. L'épithélium prismatique porte constamment un noyau de forme ovoïde, d'une largeur très-souvent égale à celle de la cellule qui le renferme, en contact immédiat avec les parois. Quand la largeur du noyau est moindre, le vide est comblé par des granulations grisâtres, beaucoup moins nombreuses à l'état frais que sur le cadavre.

Seuls, ces épithéliums se montrent parfois munis de cils vibratiles ; on voit alors naître sur plusieurs points de la cellule de petits prolongements noirs, homogènes, rapprochés les uns des autres, et d'une longueur de $0^{mm}.006$ à $0^{mm}.07$; ces cils immobiles sur le cadavre vibrent fortement, lorsque l'épithélium qui les porte a été pris sur un animal vivant, ou très-récemment mis à mort.

De tous les épithéliums, le plus répandu dans l'organisme est certainement celui qui constitue la quatrième variété du tableau : l'épithélium pavimenteux. La face interne des conduits glandulaires, les séreuses, la peau, la membrane interne de l'arbre vasculaire et la plupart des muqueuses en sont tapissées, en outre plusieurs parenchymes, glandulaires ou non, en renferment des quantités considérables; les dimensions varient de $0^{mm}.008$ à $0^{mm}.01$ de diamètre. Toutefois certaines surfaces, les séreuses par exemple, présentent constamment d'énormes cellules.

L'épithélium pavimenteux contient toujours un noyau pourvu ou non de nucléole. Ce noyau, de plus en plus foncé à mesure que l'on observe des cellules plus profondément situées, disparaît presque toujours dans celles qui se trouvent à la périphérie, et l'on peut en examinant une couche stratifiée suivre parfaitement son atrophie graduelle. Entre le noyau et la paroi de la cellule se voient des granulations grisâtres, et dans certains parenchymes, au foie surtout, des granulations graisseuses, qui parfois très-abondantes, et réunies en larges gouttes huileuses distendent la cellule et font disparaître les angles.

Aux cellules épithéliales pavimenteuses et à elles seules s'adjoignent en quelques points des granulations pigmentaires. A la choroïde, les cellules renferment une grande quantité d'un pigment noir très-foncé dans leur intérieur, de plus elles sont environnées de toutes parts de granulations identiques. Les cellules de l'épiderme, renferment aussi une quantité de matière pigmentaire, plus ou moins considérable suivant les régions. Ces granulations, uniquement situées dans les cellules profondes, disparaissent graduellement à mesure qu'on les examine dans des éléments plus superficiellement situés. Du reste, leur nombre est variable; très-abondantes aux mamelons, au scrotum, elles sont en petite quantité en dehors de ces points. Il ne faut pas confondre les granulations pigmentaires, et surtout la coloration noire des cellules épithéliales où on les trouve avec la coloration noire produite par l'insolation. L'action des rayons solaires noircit l'épiderme, sans communiquer de matière pigmentaire aux cellules qui le constituent; sous leur influence, celles-ci deviennent moins transparentes et très-granuleuses, mais ces granulations, qui, examinées au microscope, ne sont pas brunes ou noirâtres, sont attaquées par l'acide acétique, tandis que ce corps est sans action sur les granulations pigmentaires. Personne n'ignore aujourd'hui que c'est à la très-grande abondance des corpuscules pigmentaires que la race nègre doit sa coloration; toutefois, chez les noirs comme chez les blancs, le pigment a disparu dans les cellules les plus superficielles. La matière pigmentaire ne présente pas une coloration noire constante, sa nuance varie du noir le plus intense à la teinte cuivrée, ou même au jaune-orange. Notre race présente du pigment ainsi coloré dans les taches connues sous le nom de taches de rousseur, tandis que son abondance excessive donne à la peau des races mongoliques et américaines leur coloration caractéristique.

DEUXIÈME PARTIE

DE LA NAISSANCE DES EPITHÉLIUMS

§ 1er.

MANIÈRE DONT S'EFFECTUE LA NAISSANCE DES ÉPITHELIUMS.

De même que tous les éléments anatomiques du corps humain, les épithéliums jouissent de la propriété de naître spontanément au sein d'une matière organisée, d'un blastème spécial. L'apparition de ce blastème, dans lequel naîtront molécule à molécule les épithéliums, et qui fournira lui-même la substance dont les cellules seront constituées, cette apparition, dis-je, pourrait et aussi devrait être considérée comme la première phase de la genèse épithéliale. Mais les lois qui président à la production des blastèmes sont encore complétement inconnues. Ils dérivent du plasma sanguin, précèdent toujours la naissance des éléments, tels sont les faits bien démontrés à la suite desquels on peut placer cette hypothèse, que tous les faits observés en physiologie semblent confirmer : Chacun des blastèmes destinés à donner naissance à un ordre d'éléments, possède une composition chimique spéciale. Ces généralités sont les seules choses que l'on puisse actuellement dire sur le blastème épithélial.

Tellé est la manière dont s'effectue la naissance épithéliale d'après M. Ch. Robin (1) :

Sur une surface, le derme par exemple, apparaît d'abord une matière amorphe, finement granuleuse ; au bout d'un certain temps, une quantité variable de noyaux apparaissent au milieu de cette matière nouvellement formée. Ces noyaux, d'abord dépourvus de nucléole, présentent un diamètre de $0^{mm}.004$ à $0^{mm}.006$, mais bientôt on les voit croître, augmenter leur dimension, sans que toutefois leur forme ovoïde en soit altérée. Dès qu'ils ont acquis un volume à peu près double de celui qu'ils présentaient à leur apparition, s'effectue autour d'eux, et dans la matière amorphe qui leur a donné naissance un phénomène analogue à la segmentation du vitellus ; des sillons grisâtres, d'abord peu apparents, circonscrivent autour de chaque noyau une portion de cette matière, puis ces lignes de démarcation s'accentuent davantage, se rencontrent sous des angles plus nets, se creusent plus profondément, de telle sorte qu'une certaine portion de matière amorphe est séparée autour de chaque noyau pris comme centre. La cellule épithéliale est dès lors constituée, son noyau ne tarde pas à acquérir un nucléole, et son contour à prendre plus de régularité. Puis cet élément nouveau, comprimé par les cellules qui naissent, comme il vient de le faire, au-dessous de lui, est graduellement poussé jusqu'à la périphérie, où il doit se desquamer. Mais les choses ne se passent pas toujours avec cette régularité. Tantôt deux, trois ou quatre noyaux contenus dans la matière amorphe sont séparés par les lignes de segmentation, et ces lignes se comportent comme si ces noyaux n'en faisaient qu'un et autour d'eux elles détachent une quantité de matière assez

(1) Voir de cet auteur *Journal d'Anatomie et de Physiologie*, 1864, p. 348 et suivantes ; 1865, p. 331.

considérable, donnant ainsi naissance à une de ces grandes cellules à plusieurs noyaux que pendant quelque temps on a considérées comme indiquant une production morbide bien nettement caractérisée. Tantôt, au contraire, quelques noyaux sont en quelque sorte oubliés et demeurent sans qu'une portion de la matière amorphe soit venue autour d'eux se constituer définitivement en cellule complète.

Telle est d'une manière générale la naissance des épithéliums; elle s'observe identique à ce que je viens de dire, sauf quelques légères modifications d'un ordre tout secondaire, qu'elle s'effectue à la surface de la peau, d'une muqueuse, dans la profondeur d'un parenchyme, ou bien quand l'épithélium est en voie d'hypergénèse, ou encore quand, par suite d'un travail morbide, une masse épithéliale nucléaire passe à l'état de cellule complète. Le trait caractéristique de cette naissance, c'est l'individualisation de la matière amorphe autour des noyaux. Le plus généralement, comme je l'ai dit, la matière amorphe se montre la première; d'autres fois, au contraire, elle n'apparaît que postérieurement à la genèse des noyaux, sans que cette intervention modifie le moins du monde les phases du phénomène de la segmentation. Dans les cas où la masse épithéliale doit rester nucléaire, très-souvent une matière amorphe précède aussi leur apparition; seulement elle est en quelque sorte entièrement utilisée pour la production des noyaux, qui nés, comme je l'ai dit plus haut, acquièrent peu à peu leur forme et leur aspect caractéristiques.

Pour tous les épithéliums qui se présentent sous forme de cellule complète, la naissance s'effectue toujours par l'apparition successive d'une matière amorphe et de noyaux; ces derniers se formant tantôt à l'aide et aux dépens de la matière primitivement apparue, tantôt naissant spontanément et sur place, tandis que plus tard seulement surviendront sous forme d'une matière amorphe identique, les matériaux destinés à compléter la cellule. Quant à l'épithélium nucléaire, il apparaît ou bien spontanément, sans avoir été précédé d'aucune formation, et dans ce cas, à mesure que le plasma sanguin fournit les matériaux, ces matériaux s'organissent en épithéliums, sans se montrer pendant un temps plus ou moins long sous forme de matière amorphe; ou bien il apparaît au sein d'une gangue analogue, mais dont il ne restera rien, toutes les parties servant à donner naissance à des noyaux.

Il est un mode de production de nouvaux éléments épithéliaux que l'on a considéré, et que quelques auteurs considèrent encore comme étant unique ou de beaucoup le plus fréquent. Je veux parler de la segmentation des cellules déjà existantes. Cette scission des éléments déjà formés destinés à les multiplier s'observe quelquefois, mais ce mode d'accroissement est exceptionnel, et cette exception a été considérée comme la règle. Je n'insisterai pas sur les diverses phases que présente cette scission, d'abord parce qu'elles se trouvent décrites dans nombre d'ouvrages, et aussi parce que je ne l'ai que très-rarement vue et que je n'en pourrai dire que ce qui est partout exposé.

Ainsi donc, en résumé, les cellules épithéliales naissent exceptionnellement d'autres cellules épithéliales par scission, ou par genèse, et c'est la règle presque universelle.

Les épithéliums qui naissent par genèse effectuent leur naissance d'une des façons suivantes :

1° Production de matière amorphe préexistant à la formation épithéliale. — *A*. Dans cette matière amorphe naissent d'abord les noyaux aux dépens d'une partie de la matière dont le reste constitue la cellule autour du noyau ainsi formé. — *B*. La matière amorphe se segmente, et les noyaux n'apparaissent qu'ultérieurement.

2° Sans qu'il y ait une matière amorphe préexistante à la formation épithéliale. — *A*. Les épithéliums nucléaires la plupart du temps sont formés spontanément par les matériaux du plasma sanguin donnant lieu à des noyaux au fur et à mesure qu'ils sortent, dans ce cas le blastème étant en quelque sorte virtuel. — *B*. Après que les noyaux sont ainsi formés, apparaît une matière amorphe qui les écarte, et s'organise en cellule autour de chacun d'eux.

§ 2

DES PHASES SUCCESSIVES QUE PARCOURENT LES ÉPITHÉLIUMS AVANT D'ARRIVER A LEUR FORME DÉFINITIVE.

Je n'ai pas voulu insister dans ce résumé général sur les diverses modifications s'effectuant d'une manière insensible, et qui ont pour but le développement et l'accroissement des jeunes cellules épithéliales; comment, par exemple, un de ces noyaux ovoïdes, de dimensions si petites, arrive-t-il à constituer ces larges et belles cellules pavimenteuses de l'épiderme ou de certaines muqueuses? Eh bien, je crois que l'on peut appliquer aux épithéliums la loi de développement que Geoffroy Saint-Hilaire a démontrée comme présidant à l'évolution des êtres en général.

Tout individu, disait-il, présente successivement et d'une

manière transitoire les caractères des êtres placés au-dessous de lui dans l'échelle zoologique. Si l'on considère les épithéliums au point de vue de leur plus ou moins grande perfection anatomique, on sera amené à la classer de la même manière et suivant l'ordre que présente le tableau que j'ai mis au commencement de ce travail, l'épithélium nucléaire étant, de tous, le plus simple, tandis que la variété pavimenteuse est la plus compliquée.

Et alors on peut dire : tout épithélium commence d'abord par être nucléaire ; les noyaux autour desquels se forment les cellules sont, au début de cette formation, des épithéliums nucléaires parfaits. Les jeunes cellules épithéliales commencent par présenter d'abord une forme sphéroïdale, puis elles sont modifiées de telle sorte qu'elles présentent une dimension beaucoup plus considérable dans un sens et un diamètre en longueur qui l'emporte de beaucoup sur le diamètre en largeur. Enfin, par des pressions réciproques et par l'ensemble des circonstances qui l'environnent, la cellule pavimenteuse se trouve constituée avec les caractères que nous lui connaissons.

Que si maintenant des cellules en voie de progression, de perfectionnement pour ainsi dire, sont placées dans certaines conditions, non encore bien nettement déterminées, mais à coup sûr efficaces, leurs progrès s'arrêteront, et elles resteront dans cet état relativement imparfait, à moins que, par la suite, leurs conditions d'existence et de milieu étant changées, elles ne puissent acquérir un plus parfait développement. Mais toute matière amorphe ou plutôt tout blastème épithélial possède-t-il en lui la propriété de donner naissance à des cellules épithéliales pavimenteuses, et seulement l'ensemble des conditions où se trouveront placés les éléments une fois nés, influera-t-il sur la forme plus ou moins parfaite qu'ils présenteront ultérieurement?

J'avoue que je ne crois pas à la réalité de cette hypothèse: je crois, au contraire, que chaque forme épithéliale est précédée d'un blastème spécial, dont la composition chimique est peut-être différente, et j'aurai occasion, dans le courant de ce travail, de revenir sur ce point. Mais je crois, et il est, je pense, indiscutable que les conditions de milieu influeront sur la nature du blastème, sur sa composition chimique, et par suite sur ses propriétés; alors, suivant qu'il sera placé au milieu de tel ou tel concours de circonstances, il donnera naissance à des épithéliums différents. Ce ne seront donc pas les épithéliums qui auront été modifiés ou qui auront changé de forme, mais bien le blastème qui, ayant acquis de nouvelles propriétés, a donné naissance à des cellules de formes différentes.

Telle est la manière de naître des épithéliums : je l'ai exposée d'après les leçons de M. Robin, et plusieurs fois il m'a été donné de voir par moi-même les faits que je viens d'énoncer, et de vérifier expérimentalement l'enseignement du maître.

Plusieurs fois, comme je le dirai en relatant mes expériences, j'ai vu de larges plaques de matière amorphe en voie de segmentation.

Du reste, à combien d'impossibilités de toutes sortes se heurte le fameux aphorisme *Omnis cellula e cellula*, bien qu'il exprime un fait vrai dans quelques cas, tandis que la théorie ou plutôt la réalité des faits que je viens d'exposer donne, de tous les cas pathologiques, l'explication la plus plausible qu'il se puisse.

Le grand fait de la multiplication des épithéliomas et de leur généralisation peut-il être raisonnablement expliqué par la pénétration dans les vaisseaux d'éléments épithéliaux formés déjà, et qui, pour donner naissance à une tumeur identique à celle d'où ils proviennent, ont encore besoin de sortir au dehors du canal, tandis que dans ce cas, n'est-il pas évident qu'au travers des parois capillaires le blastème épithélial peut pénétrer par endosmose et se déposant dans un point quelconque, devenir là le théâtre de cette série de transformations qui doivent aboutir à la production d'une certaine quantité d'épithélium ? Dans bien des cas, en effet, on voit deux tumeurs épithéliales dont la connexité est aussi évidente que possible, et cependant les recherches les plus minutieuses ne peuvent démontrer quelle voie auraient suivie les cellules épithéliales ; bien plus, dans certains cas, il est absolument impossible de songer à un tel mode de propagation, et il demeure évident que seulement un blastème liquide a pu grâce à son pouvoir endosmo-exosmotique, porter ainsi, dans un point inaccessible aux moindres corpuscules, le germe d'une production nouvelle. Mon excellent ami, le Dr Goujon, soulève aussi cette question dans sa thèse (1) ; il a fait de belles expériences et est arrivé à généraliser des tumeurs cancéreuses en plaçant sous la peau d'animaux des fragments de tumeurs de même nature ; mais, comme il le fait très-judicieusement observer, il a placé en même temps que des éléments épithéliaux une quantité plus ou moins grande de blastème, et il se demande auquel des épithéliums ou du liquide blastématique est due la généralisation. Aussi, avec un esprit véritablement scientifique, pose-t-il la ques tion sans la résoudre et en faisant appel à des expériences

(1) Goujon, Thèse inaugurale, 1866, p. 12 et 13.

plus précises; il n'eût pas hésité, je crois, à conclure, comme je viens de le faire, s'il eût eu connaissance des observations suivantes, que je dois à l'obligeante amitié de M. Dubrueil, prosecteur de la Faculté.

Voici ces observations intéressantes à plusieurs titres :

« A deux reprises différentes, j'ai observé des faits identiques, dit M. Dubrueil; deux malades, présentant un épithélioma de la lèvre inférieure, succombèrent.

« Je fis l'examen des parties malades de concert avec Lancereaux; l'os maxillaire inférieur était envahi dans une partie de son étendue, dans le point en rapport avec la tumeur. Sur certains points, l'os était érodé sur sa face antérieure ; sur d'autres, l'érosion commençait à peine; enfin certains endroits paraissaient intacts. Dans les points qui, à l'intérieur, correspondaient aux portions saines de l'os, les aréoles du tissu spongieux, au lieu de renfermer du tissu médullaire, étaient remplies d'épithéliums, à tel point, que les lamelles osseuses délimitantes en étaient soulevées, et que la cavité aréolaire en était comme boursouflée. L'examen du conduit dentaire fut faite avec l'attention la plus scrupuleuse, et quelque minutieux qu'il ait été, nous n'avons pu découvrir la plus légère trace de production épithéliale dans son intérieur.

«Trois autopsies nous ont également donné les résultats suivants dans des cas où un épithélioma de la lèvre inférieure envahissant les ganglions du cou, la veine jugulaire interne était de toutes parts environnée de masses épithéliales. L'intérieur de la veine présentait de petites masses en nombre assez considérable pour oblitérer complétement la lumière du vaisseau, et ces masses étaient constituées par un épithélium absolument identique à celui qui constituait la tumeur traversée par la veine, sans qu'il y ait communication entre les tumeurs intra-veineuses et l'épithélioma extérieur. Dans les trois cas, en effet, les parois veineuses étaient saines, et surtout la membrane interne, qui dans chacune des trois pièces a été examinée avec le plus grand soin. Quant à l'artère carotide primitive, bien qu'aplatie par la tumeur, elle ne présentait rien de particulier dans son intérieur. »

Telles sont les observations de M. Dubrueil. Les trois dernières étant en concordance parfaite avec des faits observés par M. Broca dans des circonstances analogues, où une veine traversait une tumeur cancéreuse, n'est-on pas en droit de dire, d'après de tels faits, que seulement le transfert du blastème liquide rend compte de l'apparition de ces masses épithéliales si bien séparées du foyer d'infection, par des parties toujours intactes. Bien loin de moi cependant la pensée, que les vaisseaux ne peuvent, dans aucun cas, transporter des épithéliums tout formés; je citerai plus loin une expérience qui m'a montré le fait de la façon la plus évidente. Oui, dans plusieurs cas de généralisation, quand l'épithélium est infiltré, il peut être transporté dans les ganglions par les vaisseaux lymphatiques; seulement je crois que, si ces canaux transportaient uniquement des éléments épithéliaux, les ganglions ne contiendraient que ceux qui leur seraient ainsi apportés, les quelques épithéliums qui pourraient se segmenter ne donnant pas lieu à une masse considérable. Les faits que je viens de rapporter ne sont pas sans analogues; il a été présenté à la Société de Biologie des faits de tumeurs épithéliales du foie reproduites dans la veine cave, sans que les parois de ce vaisseau fussent le moins du monde altérées, et pourtant il contenait dans son intérieur des tumeurs constituées par des éléments identiques à ceux qui formaient les tumeurs extérieures. Dans ces cas et dans tous les cas analogues, on se trouve en présence de trois hypothèses sans que l'on puisse dire quelle est celle qui est absolument vraie; ou bien les éléments épithéliaux sont transportés en nature et se multiplient par segmentation, ou bien la matière demi-fluide qui donne naissance aux cellules épithéliales a seule été transportée et s'est individualisée en éléments épithéliaux à un autre endroit que celui où elle était apparue. J'ai indiqué entre ces deux hypothèses quelle était celle qui me paraissait la plus conforme aux faits et la plus rationnelle. Ou enfin l'ensemble des circonstances qui ont donné lieu à une production morbide épithéliale a pu dans un point quelconque donner spontanément naissance à des tumeurs de même nature (1).

(1) Une expérience comparative pourrait, je crois, démontrer cette vérité de la façon la plus manifeste, malheureusement le temps et l'occasion de la faire m'ont manqué. Il faudrait injecter sous la peau de deux animaux égaux, d'une part du blastème épithélial pris frais après une amputation de jambe sous la peau du talon où la couche muqueuse de Malpighi est si abondante, et d'autre part des cellules épithéliales libres prises sur un animal récemment mis à mort. L'examen ultérieur des ganglions permettrait de voir si le blastème s'est organisé en cellules, et d'un autre côté si les cellules libres injectées sous la peau sont en voie de segmentation. Dans l'expérience qui m'est personnelle, et que je citerai dans le courant de ce travail, je n'ai jamais vu dans les éléments épithéliaux placés sous la peau et transportés dans les ganglions, rien, absolument rien, qui indiquât un commencement de segmentation.

§. IV

DE QUELQUES PRODUCTIONS ANORMALES D'ÉPITHÉLIUMS.

Mon intention n'est pas de faire ici l'histoire de tous les points de l'économie où de l'épithélium peut naître par hétérotopie, ce serait une trop longue digression, d'autant mieux qu'il n'est pas de tissu dans l'économie qui ne puisse présenter une formation anormale d'épithélium. Il suffit en effet que du blastème épithélial puisse être transporté au milieu d'un tissu ; il y développera des épithéliums, et comme de tous les éléments, la cellule épithéliale est un de ceux dont la naissance s'effectue le plus promptement, il s'ensuivra que l'épithélium tendra à détruire les éléments qui l'environnent, à prendre leur place en les empêchant continuellement, grâce à son rapide développement, de réparer les pertes qu'entraîne la désassimilation. La persistance des causes qui ont permis le transport des blastèmes, en laissant arriver parfois des quantités considérables donne lieu à d'énormes tumeurs épithéliales.

Il existe certaines circonstances dans lesquelles certains tissus se recouvrent d'épithéliums alors que d'habitude ils n'en présentaient pas. Ne voit-on pas en effet des trajets fistuleux se recouvrir d'épithéliums, quoi qu'en ait dit Dupuytren ? Et dans d'autres cas sans qu'il existe de fistule, ne peut-on pas voir des points se recouvrir aussi d'épithéliums, bien qu'ils appartiennent à un tissu constitué par des éléments anatomiques qui n'ont avec ceux-ci aucune espèce de rapport? On peut, je crois, affirmer ces deux faits.

Maintes fois on a vu des trajets fistuleux tapissés

d'épithéliums, aussi n'est-ce pas sur ce fait que je veux insister. Je me propose seulement d'étudier dans ces cas la manière dont s'accomplit la genèse épithéliale, et pour cela je me bornerai à rapporter les faits malheureusement trop peu nombreux qu'il m'a été donné de pouvoir constater.

La production de cellules épithéliales dans les fistules est précédée, comme partout ailleurs, d'une genèse de noyaux; ce fait est démontré par l'expérience suivante, faite au laboratoire de M. Robin par MM. Goujon et Demoulin, qui se trouve consignée dans la thèse de ce dernier. Le 11 juillet 1866, la trachéotomie fut pratiquée sur un chien adulte, on empêcha la cicatrisation de la plaie, et l'animal fut sacrifié le 26 du même mois, quinze jours après l'opération. Le trajet fistuleux qui existait de la trachée à l'extérieur, dit M. Demoulin, est formé d'une « membrane épaisse et résistante, tapissée d'un « épithélium constitué par de simples noyaux, qui pro- « bablement seraient devenus le point de départ d'un « épithélium prismatique si l'expérience eût été con- « tinué plus longtemps. »

La seconde partie de la phrase est purement hypothétique, mais le fait de la production de noyaux ovoïdes nombreux, quinze jours après l'établissement de la fistule, est constant et doit être retenu.

Voici d'un autre côté l'expérience que j'ai faite : le 16 mai 1867, une incision étant faite au flanc gauche d'un chien d'assez forte taille, j'attirai une portion de gros intestin, qui fut suturé très-solidement aux bords de la solution de continuité. — J'ouvris l'intestin le 27, alors que l'adhérence était complète. L'ouverture permet facilement l'introduction du pouce.

Le 30 mai, l'anus contre nature est parfaitement établi ; je racle avec soin le pourtour de son orifice, et par ce raclage, j'obtiens des cellules épithéliales sphériques en assez grande abondance, mais d'un diamètre peu considérable (fig. 1, pl. 1). Chaque cellule est pourvue d'un noyau ovoïde assez brillant, sans nucléole ; la préparation renferme une assez grande quantité de noyaux isolés et libres, en tout semblables à ceux-là. En outre, on trouve d'autres cellules plus ou moins allongées, ovoïdes, présentant grossièrement la forme d'une semelle ; quelques-unes sont très-minces. Ne seraient-ce pas des cellules prismatiques de l'intestin en voie de transformation, se modifiant pour aboutir à la forme sphérique ? Le 31, je puis vérifier la fausseté de l'hypothèse qui précède ; une préparation me permet de voir aujourd'hui les mêmes éléments qu'hier, mais je trouve aussi des plaques et des lambeaux assez considérables de matière amorphe en voie de segmentation, et cette segmentation, autant que je puis en juger par les lignes grisâtres qui se dessinent assez nettement, donne lieu à des cellules de forme analogue à celle qui hier m'ont frappé.

Le 1er juin, même état qu'hier.

Le 3, toujours quantité de cellules complétement sphériques et de cellules ovoïdes ; d'autres assez nombreuses présentent un contour légèrement anguleux, quelques-unes d'entre elles sont assez grandes et présentent deux ou trois noyaux ; des granulations graisseuses réfractant fortement la lumière ont envahi plusieurs d'entre elles. Quelques corps fusiformes réguliers, d'autres ovoïdes, plus ou moins arrondis, se montrent aussi. On voit encore de larges plaques en voie de segmentation, les lignes grisâtres qui indiquent en quelque sorte les projets de cellules, circonscrivent des espaces ovales ou circulaires. Quelques plaques offrent l'aspect du vitellus au moment de sa première segmentation. C'est à grand'peine qu'on trouve encore dans les préparations quelques noyaux libres; ils étaient de beaucoup plus abondants lors du dernier examen.

Pendant la semaine qui s'écoula après l'examen que je viens de rapporter, une investigation quotidienne me fit remarquer un état absolument analogue; c'était toujours le même aspect de cellules, toujours la même forme, sans modifications importantes. Alors, craignant d'enflammer la plaie par des raclages réitérés, et aussi parce que j'avais en vue, en faisant cette expérience, la vérification d'une hypothèse, selon moi bien autrement importante, ne pouvant être jugée que si les choses restaient dans cet état pendant un temps plus long, je laissai vivre l'animal sans examiner davantage son nouvel anus. Il a ainsi été conservé jusqu'au 5 juillet, jouissant d'une bonne santé, plein de gaieté, mangeant avec appétit et ne paraissant nullement incommodé de son infirmité, qui a cependant été pendant tout ce laps de temps aussi complète que possible, car tous ses excréments n'ont eu depuis l'ouverture de l'intestin d'autre issue que le nouvel anus pratiqué à son flanc. Le 5 juillet, ce chien fut mis à mort, — et tels sont les faits que j'ai constatés sur le pourtour de son orifice. — En examinant les points voisins de l'union de l'intestin à la peau, on trouve de larges cellules épithéliales, sphériques, portant un, deux ou trois noyaux d'ordinaire assez volumineux, avec un beau nucléole central. La plupart de ces cellules mesurent de $0^{mm}.01$ à $0^{mm}.04$; d'autres sont encore plus volumineuses, bien que la majorité présente seulement $0^{mm}.02$. Ces cellules sont pointillées de fines granulations graisseuses, sans que celles-ci soient jamais assez abondantes pour masquer le noyau. Sauf le volume généralement plus considérable et les granulations graisseuses, les cellules sont représentées par la fig. 1. Il existe peu, très-peu de cellules polygonales ; presque toutes sont délimitées par des lignes courbes ; mais les granulations graisseuses ne manquent dans aucune d'elles, et cependant, en dehors des éléments, la préparation n'en présente pas. — Plus profondément se trouvent des noyaux ovoïdes comme ceux qui sont contenus dans les cellules, et comme eux porteurs d'un nucléole. Les noyaux ne sont pas libres, disséminés et flottants ; ils sont en quelque sorte accolés et forment des plaques.

Ce n'est pas ici le lieu de donner les résultats que ce même animal m'a fournis ; je les exposerai dans la troisième partie de mon travail.

Voici une autre expérience faite dans un autre sens.

La 25 mai, je pratiquai sur un chien l'opération suivante : je fis à l'angle interne de son œil gauche une incision partant de la muqueuse et se prolongeant en bas, dans une étendue de deux centimètres environ. J'empêche la plaie de se cicatriser en écartant les lèvres par une suture. Cette incision divise la peau et le tissu sous-cutané.

Les jours suivants, la plaie suppure ; pas d'examen.

Le 30, la suppuration semble tarie ; je fais avec la pointe d'un scalpel un premier raclage, qui fait très-légèrement, ne donne que des leucocytes ; en raclant un peu plus fort, j'obtiens toujours une quantité considérable de leucocytes, mais en recherchant avec attention, on trouve quelques épithéliums sphériques de dimensions très-peu considérables et très-transparents. Ils sont pourvus d'un noyau. C'est en vain que je recherche des noyaux libres.

Le 1er juin, je déterge la plaie avec une très-fine éponge, et je trouve des cellules sphériques assez abondantes, très-peu de noyaux libres.

Le 4 juin, plus de suppuration; cellules sphériques plus volumineuses; noyaux libres extrêmement rares.

Enfin, le 12 juin, j'obtiens par le raclage de belles cellules d'épithéliums pavimenteux ; elles sont assez volumineuses, à contours pâles, à beau noyau, environnées dans la préparation de matière amorphe granuleuse. Ce sont des cellules appartenant bien à la plaie, d'abord parce qu'elles sont très-abondantes, puis parce qu'avant d'examiner, j'ai projeté avec une seringue un filet d'eau sur la plaie pour être bien sûr de n'examiner pas des cellules provenant de la desquamation qui s'effectue à la surface conjonctivale.

TROISIÈME PARTIE

DU ROLE DES ÉPITHÉLIUMS COMPLÉTEMENT DÉVELOPPÉS

§ 1er.

IDÉE GÉNÉRALE DU RÔLE DES ÉPITHÉLIUMS.

Il n'est pas d'éléments anatomiques plus universellement répandus dans l'économie que l'élément épithélial, rares sont les tissus qui normalement n'en possèdent pas. — Partout où se trouve une surface libre ou une cavité se rencontrent aussi des épithéliums, que cette surface libre soit extérieure ou profondément enfouie dans les tissus, depuis la peau jusqu'à la face interne des tubes séminifères, la cavité buccale aussi bien que la cavité des follicules clos de l'intestin. Mais partout les épithéliums ne se présentent pas avec le même aspect ; leur manière d'être change et aussi leurs propriétés. En effet, tandis que les uns revêtent purement et simplement des surfaces séreuses ou muqueuses, remplissant dans ce cas un rôle que j'indiquerai plus loin, les autres, au contraire, grâce à certaines propriétés, donnent naissance à des produits déterminés à l'aide et aux dépens des matériaux qu'ils puiseront dans ce que M. Claude Bernard a si justement appelé le milieu intérieur. Ainsi, en résumé, deux choses : d'une part des surfaces tapissées de cellules épithéliales, qui, dans ce cas, jouent un rôle la plupart du temps secondaire; dans d'autres cas, des tubes, des culs-de-sac, remplis d'un épithélium spécial et jouant là un rôle capital, car c'est à eux qu'est dévolue la fonction de sécréter. Cela est si vrai que souvent, dans un même organe, se trouvent à la fois des épithéliums remplissant ces deux rôles : prenons par exemple un cul-de-sac glandulaire ; le fond sera non-seulement tapissé, mais encore rempli d'épithélium nucléaire, et dans ce point s'effectuera la sécrétion, puis le nouveau produit sera porté loin de l'endroit où il a pris naissance par un tube, continuation directe du cul-de-sac, et ce canal vecteur se montre alors tapissé d'épithélium prismatique ou pavimenteux, jamais d'un épithélium analogue à celui qui occupe les profondeurs de l'élément qu'il prolonge en quelque sorte.

Ainsi donc, au point de vue de la physiologie proprement dite, il faut bien se garder de considérer les épithéliums comme je l'ai fait plus haut, me basant sur leurs caractères anatomiques et surtout sur les phases de leur développement. Classés en effet au point de vue de leur fonctionnement, ceux dont les conditions de structure et de développement sont les plus simples, les épithéliums nucléaires doivent être placés en première ligne, car le grand phénomène des sécrétions leur est dévolu, tandis qu'au contraire, à ceux qui se sont constitués et développés de la manière la plus complexe appartient le rôle le plus infime.

On peut donc, en se basant sur le fait que je viens de signaler, diviser en deux grandes classes les épithéliums, suivant qu'ils se bornent à tapisser certaines surfaces, ou qu'ils fournissent de nouveaux principes à l'économie. Aussi, établirai-je ces deux grandes classes, sans attacher d'importance aux vocables qui me servent à les désigner :

1° Épithéliums tapissants ;

2° Épithéliums fournissants.

Je consacrerai un paragraphe à chacune de ces deux divisions.

Je ne veux cependant pas terminer ce paragraphe sans m'élever hautement contre ces étranges abus de langage dont plusieurs livres, je dis des plus récents, nous offrent encore l'exemple. On dit, on écrit même des phrases où il est question de la *sécrétion épithéliale*, sécrétion des poils et des ongles, ce qui veut dire que ces diverses parties sont sécrétées. Cette manière de s'exprimer est non-seulement inexacte, mais elle est, en ce qui touche l'épithélium, en diamétrale opposition avec ce qui se passe en réalité. En effet, non-seulement l'épithélium n'est pas sécrété, mais c'est lui qui sécrète. Que deviendrait le langage scientifique si on l'encombrait d'expressions aussi inexactes, pour ne pas dire davantage ?

§ 2.

DES ÉPITHÉLIUMS TAPISSANTS.

Cette classe comprend les trois variétés dernières du tableau, tous les épithéliums en forme de cellules, quel que soit leur aspect. L'élément pavimenteux, de beaucoup le plus répandu, jouit de propriétés spéciales suivant les places où on l'observe, ou plus exactement, suivant la manière dont il est étendu et placé sur la surface qu'il tapisse. L'épiderme qui recouvre le tégument externe joue un rôle de protection que ne remplit pas l'épithélium de la cavité buccale, et il n'exerce d'une manière efficace cette protection que grâce à la façon dont il est stratifié. Grâce à cette disposition, il oppose une barrière efficace à la pénétration des divers liquides qui peuvent se trouver en contact avec notre corps, sans empêcher cependant ce phénomène qui s'accomplit de dedans en dehors, et qui est connu sous le nom de perspiration cutanée insensible; c'est bien cette couche épithéliale qui mérite le nom de vernis protecteur que les auteurs anciens donnaient à tous les épithéliums. Mais l'épithélium pavimenteux n'est pas, de sa nature, doué d'imperméabilité, à la peau, il présente, comme je l'ai dit, ce pouvoir par suite de sa seule disposition; aussi trouvons-nous bien des endroits également tapissés de cellules pavimenteuses permettant une pénétration rapide des liquides et des gaz et s'imbibant des fluides avec une incroyable rapidité. La muqueuse de la bouche, la conjonctive, les séreuses et les bronches sont dans ce cas. Aux bronches ultimes où l'épithélium est pavimenteux, le passage des gaz au travers de l'épithélium s'effectue avec la plus grande facilité; en effet, chaque mouvement d'inspiration est accompagné, dans la profondeur du poumon, d'un double courant endosmo-éxosmotique s'effectuant au travers des cellules pavimenteuses.

Tout le monde sait aussi avec quelle rapidité les liquides déposés à la surface de la conjonctive ou d'une séreuse sont transportés dans la circulation. Quant à l'épithélium pavimenteux qui tapisse les conduits sécréteurs ou la surface interne des vaisseaux, son rôle est encore très-peu connu.

L'épithélium prismatique jouit encore à un plus haut degré de cette mollesse et de cette perméabilité, à l'intestin, où il se trouve répandu sur une surface si considérable, il est doué d'une si faible résistance que les granulations très-peu solides elles-mêmes le pénètrent facilement. Les granulations graisseuses ne sont en effet absorbées qu'en faisant pour ainsi dire effraction, et en pénétrant au travers de l'épithélium. On voit en effet, en examinant un épithélium intestinal, quelque temps après l'ingestion d'une substance grasse, les fines granulations pénétrerpeu à peu dans la cellule prismatique, puis en sortir pour de là aller dans la cavité des vaisseaux lymphatiques, d'où elles seront chassées par la contraction des fibres musculaires qui se trouvent dans la villosité. Cette propriété que possède l'épithélium intestinal, de se laisser pénétrer plutôt que d'absorber, rend compte de la manière dont les ovules de quelques parasites pénètrent dans l'économie. On a étudié avec soin cette irruption des poussières au travers de l'épithélium, et en se servant de particules charbonneuses, on a observé les faits suivants : quand les corpuscules sont de dimensions très-exiguës, ils pénètrent dans l'intérieur de la cavité de la cellule, la remplissent, puis en sortent comme ils y sont entrés, c'est-à-dire en passant au travers des parois, et après que la cellule en est débarrassée, elle a conservé l'aspect qu'elle avait avant cette invasion. Mais si le corpuscule est plus volumineux, il entre également dans la cellule, l'enfonce plus profondément et la détruit ; mais aussitôt que cette cellule s'est en quelque sorte enfouie au sein de la couche épithéliale, la régénération a commencé dans l'espace qu'elle laissait libre, et quand elle est détruite, un nouvel élément épithélial la remplace. Ce n'est pas cependant à ce rôle entièrement mécanique que se borne l'action de l'épithélium sur les intestins ; il fait subir aux substances qui le traversent des modifications telles que, dans quelques cas, il leur fait perdre leurs propriétés; témoins les venins qui traversent sans danger pour l'organisme le tube intestinal, parce que, absorbés par l'épithélium, ils ont subi en le traversant des modifications qui leur ont fait perdre leurs funestes propriétés, et cela par un échange ou un dédoublement qui s'est passé dans l'intérieur de la cellule épithéliale.

Le trait le plus caractéristique que nous offrent les épithéliums prismatiques est sans contredit la présence de cils vibratiles sur quelques-uns d'entre eux. J'ai indiqué dans la partie anatomique quels sont les points où les cellules sont ainsi armées de ces corpuscules accessoires. A l'état normal, et quand ils sont placés dans des circonstances que j'indiquerai tout à l'heure, ces petits filaments sont dans un état de perpétuelle agitation. Mais tous les cils ne semeuvent pas de la même manière. Deux observateurs, Puckinje et G. Valentin (1), ont décrit trois espèces de mouvements qu'ils disent avoir plusieurs fois constatés. L'un de ces modes consiste en une giration par laquelle le cil décrirait en quelque sorte un cône, dont le sommet serait placé à l'adhérence du cil à la cellule, tandis que la base serait représentée par l'évolution de la pointe; c'est là le mouvement *infundibuliforme*. En second lieu, ils parlent d'un mouvement de cils qui s'effectuerait par des sortes de flexions onduleuses. Enfin, une troisième manière se traduirait en une sorte d'inclinaison que subit la pointe du cil et qui recourbe cette pointe en forme de crochet. Il paraît surprenant que ces deux savants n'aient pas

(1) Da phenomeno generali et fundamentali motus vibratorii continui en membranis, etc. Breslau, 1835. — De motu vibratorio animalium vertebratorum, in Acta academiæ naturæ curiosorum. T. XVII, p. 11. Avril 1835.

noté ce mouvement des cils pourtant très-habituel, qui consiste en une sorte de trépidation analogue à celle qui se manifeste sur une tige métallique vibrante. Quoi qu'il en soit, ces mouvements sont dans quelques cas très-énergiques, si bien que la cellule épithéliale peut en être déplacée.

On s'est plu à étudier avec exactitude les conditions qui arrêtaient ces mouvements ou leur permettaient de continuer. C'est ainsi, dit-on, que, pour qu'ils se manifestent, la température ne doit être ni trop haute, ni trop basse, que les narcotiques sont sans action sur lui, tandis que l'acide acétique, les acides minéraux, le chlorure de mercure, le nitrate d'argent, etc., etc., l'anéantissent très-rapidement. — D'autres substances, au contraire, passent pour prolonger sa durée. — Ce luxe d'expériences indique une assez grande pauvreté dans l'interprétation des phénomènes. Si au lieu d'envisager ce mouvement d'une façon abstraite, on l'eût considéré comme une propriété de la matière épithéliale, on en eût conclu que tous les agents susceptibles d'altérer la composition chimique de l'élément, devaient par ce seul fait modifier le mouvement; on n'eût pas dit, par exemple: la vibration persiste pendant une telle durée, mais bien: elle se montre, tant que la cellule épithéliale séparée de l'organisme conserve intacte sa composition chimique. En voici la preuve: détachez une cellule épithéliale à cils vibratiles et mettez-la dans des conditions où elle puisse se dessécher, les mouvements iront s'affaiblissant et finiront par s'arrêter; ajoutez une goutte d'eau, et le phénomène se reproduira. Une molécule d'eau avait été enlevée à la cellule, sa composition chimique était altérée et le mouvement s'est arrêté; quand la composition chimique a été rétablie, la vibration s'est manifestée de nouveau.

Les épithéliums à cils vibratiles des voies respiratoires présentent un phénomène assez curieux; c'est de ne se montrer ornés de leurs appendices que lorsque la fonction de la respiration est bien établie. J'ai recherché malheureusement d'une façon trop sommaire pour pouvoir rendre un compte exact de la manière dont s'accomplit le phénomène, si, sur des trachées qui n'avaient encore pas servi de canal vecteur à l'air, l'épithélium était muni de cils.—Je ne l'ai jamais rencontré cilié sur des fœtus mort-nés ou non à terme; mais d'ordinaire huit à dix jours, pendant lesquels s'exerce la fonction respiratoire, suffisent pour qu'il se munisse de ces prolongements.

§ III

DES ÉPITHÉLIUMS FOURNISSANTS.

C'est parce que je me propose d'établir une distinction entre les deux faits physiologiques de la sécrétion ou de l'excrétion, que j'ai donné aux éléments anatomiques dont j'ai à m'occuper dans ce paragraphe, le nom d'épithéliums fournissants, comme exprimant une idée plus générale que l'épithète de sécrétants. La sécrétion est différenciée de l'excrétion, en ce que dans la première de ces deux fonctions on observe la production d'un liquide dont tous les corps composants ne se retrouvent pas dans le sang, tandis que l'excrétion est au contraire caractérisée par la production d'un liquide composé de corps que l'on retrouve tout formés dans le liquide sanguin. Le mot de sécrétion doit donc éveiller l'idée d'apparition d'une substance qui n'existait encore nulle part, tandis que celui d'excrétion exprime une sorte de choix de divers principes qui du sang passeront purement et simplement au travers d'un organe, et de là dans un réservoir. C'est l'élément épithélial qui, dans la très-grande majorité des cas, préside à l'une et à l'autre de ces deux fonctions, sur lesquelles je dois préalablement dire un mot.

On peut dire, d'une manière générale, que la sécrétion, envisagée comme je viens de le faire, n'est pas une propriété spéciale à un élément, mais que tous en sont doués plus ou moins. En effet, puisque la sécrétion est essentiellement caractérisée par la production d'un composé chimique n'existant pas dans le sang, n'est-il pas évident que par le fait de rejeter constamment en dehors d'eux-mêmes les substances qui ont servi à les constituer, et qui n'existent pas dans le sang, tous les éléments anatomiques sécrètent réellement? De telle sorte que l'on peut dire que les deux termes de sécrétion et de désassimilation expriment non-seulement des faits analogues, mais encore des actions parfaitement identiques ; d'où on peut conclure que la sécrétion proprement dite n'est autre chose qu'une désassimilation énergique, et en quelque sorte exagérée de certains éléments ; aussi le rôle de sécréter est-il l'attribut des éléments qui jouissent de la plus énergique vitalité, de ceux qui naissent avec le plus de promptitude, assimilent avec le plus d'avidité, et qui par contre doivent offrir une désassimilation abondante. C'est donc aux épithéliums qu'est dévolue la grande fonction de la sécrétion ; car maintenant il faut rapporter la propriété sécrétoire à l'élément qui la possède, et non plus l'attribuer en bloc à tout organe qui n'est en quelque sorte que le théâtre où s'exercent les propriétés des épithéliums.

Les mêmes réflexions que je viens d'écrire peuvent également s'appliquer à l'excrétion. La physiologie générale démontre que tout élément anatomique, en même temps qu'il rejette des substances qui n'existaient pas dans le sang, en élimine d'autres qui y étaient toutes formées, par conséquent, l'excrétion comme la sécrétion fait partie des propriétés élémentaires. Mais il existe des épithéliums qui jouissent à un degré de supériorité très-marqué de cette propriété, et qui, en outre, présentent ce fait très-caractéristique de ne donner naissance à aucun corps nouveau.

Telles sont les deux grandes fonctions que les épithéliums exécutent, et encore tous les éléments du tissu épithélial ne sont-ils pas également propres à ce fonctionnement : j'ai dit plus haut à quel genre d'épithélium il était particulièrement dévolu. Toutefois, la division que j'ai établie plus haut entre les variétés d'épithéliums susceptibles ou non de sécréter ou d'excréter, attribuant ces rôles aux seuls éléments nucléaires, cette division, dis-je, vraie d'une manière générale, supporte plusieurs exceptions, surtout quant à ce qui a trait aux sécrétions. L'étude de la structure de chacun des organes où s'accomplit une sécrétion indique assez dans quels cas on observe une forme autre que celle qui appartient à la variété d'épithéliums nucléaires. Cependant, on peut dire d'une manière générale que partout, et là seulement où l'on trouve des épithéliums nucléaires surtout, et quelquefois sphériques, on observe des phénomènes de sécrétion sans y voir jamais des phénomènes bien nets d'absorption, sauf l'endosmo-exosmose des gaz qui se fait à travers tous les épithéliums. Partout au contraire où se manifestent des phénomènes d'absorption sans sécrétion, on trouve l'épithélium prismatique, quand il n'y a ni absorption ni sécrétion, les cellules sont aussi prismatiques, mais munies de cils vibratiles.

Sans m'occuper davantage de la propriété que possèdent tous les éléments de désassimiler et par conséquent de sécréter, comme je viens de le dire, j'indiquerai brièvement la manière dont s'effectuent les sécrétions, et tout d'abord, en deux mots, je rappellerai la disposition du théâtre où ce phénomène a lieu. Dans la grande majorité des cas, c'est un cul-de-sac formé d'une substance anhyste, mince et translucide, sorte de cœcum souvent rempli d'épithélium nucléaire, mais dont les parois sont seules tapissées dans bien des cas. Quelquefois c'est une vésicule close de toutes parts qui contient l'élément sécréteur. Quoi qu'il en soit, et que le réceptacle des épithéliums affecte une forme ou une autre, jamais dans aucun cas l'élément épithélial ne se trouve directement en contact avec les capillaires qui doivent lui apporter les principes à l'aide et aux dépens desquels s'effectuera la fonction sécrétoire ; il en est toujours séparé par la membrane d'enveloppe qui le contient. C'est donc, au travers de la tunique constituante, la paroi du cul-de-sac glandulaire ou du follicule, que le plasma sanguin ira à la rencontre des épithélums, et cela grâce à la propriété endo-exosmotique. — C'est dans le plasma sanguin, comme je viens de le dire, que les noyaux épithéliaux puisent les principes qui doivent servir à la sécrétion ; de là, on pourrait conclure que toutes sécrétions seraient absolument identiques, si la composition chimique de l'épithélium était partout la même. Mais, il n'en n'est pas ainsi, la composition chimique des épithéliums varie suivant qu'on prend ceux-ci sur telle ou telle glande. Ce fait a été parfaitement établi par M. Bernard (1). Dès lors, doués d'une structure chimique différente, les éléments épithéliaux se conduisent absolument comme le feraient divers corps plongés dans un même liquide complexe dans sa composition; en effet, de même que les divers corps absorberaient ou fixeraient tel ou tel principe du liquide composé selon leurs différentes composition chimiques, de même, les épithéliums, corps dont la composition chimique est différente, au contact du liquide complexe constitué par le plasma sanguin, prendront dans le plasma, qui un principe, qui un autre, selon qu'ils seront diversement composés chimiquement. Mais pour suivre cette comparaison jusqu'au bout, supposons que deux ou trois des corps différents ainsi plongés dans un liquide composé aient fixé le même principe, si l'on veut rechercher ce principe dans ces corps, le trouvera-t-on identique dans chacun d'eux? Évidemment non; chaque corps, suivant qu'il est composé, l'aura modifié, et on le retrouvera diversement combiné à des substances diverses. Il en est de même pour l'épithélium : suivant sa composition chimique, les principes qu'il aura fixés subiront des combinaisons diverses, et par conséquent donneront lieu à des produits différents. Seulement, grâce à leur propriété vitale de désassimilation, une fois ces divers produits formés, ils les rejetteront au dehors.

Donc, telle est la sécrétion : de composition chimique différente, les épithéliums puisent dans le plasma

(1) *Leçons de physiologie expérimentale faites au collége de France.* Paris, Baillière (J.-B.), 1855, p. 350 et *passim*.

sanguin divers matériaux ; il les absorbent et leur font subir des modifications, soit en se combinant avec eux et formant un nouveau composé qu'ils laissent échapper dans les conduits excréteurs, soit qu'ils dédoublent ces principes et les rendent, par leur désassimilation, ainsi dédoublés.

Telle est la manière dont s'effectuent les sécrétions, et l'on voit avec quelle facilité s'explique dès lors ce phénomène de produits divers, puisés dans un centre identique. C'est pour expliquer la diversité des sécrétions dont l'origine est la même que l'on a émis tant d'hypothèses, les uns l'attribuant à la vitesse du sang différente selon les glandes, d'autres en recherchant la cause dans la disposition des vaisseaux et les angles divers qu'ils forment, Haller dans la terminaison des vaisseaux, et Stahl, suivant son invariable coutume dans un choix que ferait l'âme, moyen commode de résoudre toutes les difficultés.

Une autre hypothèse a joui de plus de faveur, c'est celle qui prétend que la sécrétion s'effectue constamment aux dépens de l'épithélium, et que le produit sécrété n'est autre chose en quelque sorte que le résidu des cellules épithéliales, qui ne sauraient produire une sécrétion quelconque sans être détruites et sans que la matière qui les constituait serve entièrement à donner naissance au produit nouveau. Evidemment les choses ne se passent pas toujours ainsi ; il suffit d'examiner une humeur sécrétée pour y constater la présence d'épithéliums qui ont servi à lui donner naissance et qui tapissaient les culs-de-sac d'où elle provient ; les éléments y sont encore parfaitement formés, leur substance n'a donc pas servi à donner lieu au produit sécrété ; seulement après avoir fonctionné un certain temps, ils se sont desquamés par une des causes que j'indiquerai dans la dernière partie. Mais y a-t-il des cas où on peut dire que toute la substance qui constitue les éléments épithéliaux s'unit aux principes puisés par ceux-ci dans le plasma sanguin? Peut-être pourrait-on expliquer par cette théorie le phénomène curieux et bien connu qui se passe à la mamelle. Les acinis qui constituent cette glande sont tapissés d'une couche d'épithélium nucléaire pendant le chômage de la glande; mais que la lactation commence à se produire, ils diminuent d'abord beaucoup, puis, quand elle se montre énergique, ils disparaissent complétement, réapparaissant si par une cause ou par une autre la production du lait se trouve dimimuée : d'où l'on peut dire que, quand le lait est abondamment sécrété, c'est la paroi propre des culs-de-sac et non l'épithélium qui lui donne naissance. Ce fait si exceptionnel et même en contradiction avec ce qui s'observe généralement, ne pourrait-il pas s'expliquer par la combinaison de tous les matériaux qui composent le noyau épithélial aux principes du plasma sanguin, pour donner naissance au lait, combinaison qui s'effectuerait aussitôt que l'épithélium aurait pris naissance? Du reste, ce n'est là qu'une hypothèse, et, je me hâte de le dire, je n'ai jamais eu occasion d'étudier ce fait.

Les partisans de cette hypothèse, que les sécrétions s'effectuent par la destruction des éléments épithéliaux, basent aussi leur opinion sur le fait des glandes sébacées; et ici je me hâte de le dire, leur interprétation est erronée. Dans les glandes sébacées, l'épithélium s'individualise comme partout ailleurs; seulement, aussitôt qu'il a atteint tout son développement, des gouttelettes huileuses apparaissent dans la cavité de la cellule, leur nombre augmente, plusieurs fusionnent, quelquefois toutes se réunissent en une large goutte d'huile, les parois de la cellule sont distendues, amincies et enfin finissent par éclater, et la matière sébacée se fait jour au dehors. Tels sont les faits, je viens de dire l'interprétation qu'on leur a donnée. Mais d'abord, dans ce fait, la cellule n'est pas détruite; elle cesse d'être une cellule, mais la matière qui la constituait subsiste et on retrouve toujours dans la glande, froissée et chiffonnée, la fine pellicule qui la délimitait. D'ailleurs ce phénomène doit s'expliquer de la façon suivante (1) : L'épithélium des glandes sébacées possède une composition chimique telle que, combiné aux principes puisés dans le plasma sanguin, il donne naissance à ces gouttelettes graisseuses qui apparaissent dans son intérieur et qui s'y multiplient. Mais le nouveau produit est doué de propriétés physiques telles qu'une fois dans la cellule, il n'en peut plus sortir; dès lors il s'accumulera dans sa cavité, et cette accumulation durera jusqu'à ce que les parois cellulaires se rompent; c'est donc au nouveau produit qu'est due cette exception, et, s'il était doué de propriétés physiques différentes, les choses se passeraient dans les glandes sébacées comme partout ailleurs.

Quant au phénomène de l'excrétion, son explication est fort analogue à celle que je viens de donner de la sécrétion. Ici comme l'ont dit MM. Chevreul, puis Gmelin, le sang contient déjà tout formés les principes des produits, et l'acte s'accomplit sans formation nouvelle. Les épithéliums qui existent dans la structure des paren-

(1) Ch. Robin, *Leçons sur les humeurs*, p. 610 et suivantes.

chymes non glandulaires sont aussi différents par leur composition chimique ; aussi, suivant cette composition, ils s'imbibent de tels ou tels principes qu'ils puisent dans le plasma sanguin, puis, quand leur imbibition est complète, ils laissent échapper les principes sous la même forme qu'ils possédaient dans le plasma sanguin et sans leur avoir fait subir le moindre changement moléculaire.

Tel est le mécanisme de l'excrétion. Cependant les liquides qui en sont les produits ne renferment que relativement très-peu de principes puisés dans le sang, qui sont toujours dissous dans une grande quantité d'eau.

§ 4.

DE LA NUTRITION DES ÉPITHÉLIUMS, ET DES CONDITIONS EXTÉRIEURES QUI LEUR IMPOSENT LEURS FORMES VARIÉES.

Tout élément organisé est constamment le siége d'un double travail : d'une part il prend dans le milieu où il se trouve placé, les substances qui doivent maintenir l'intégrité de sa composition chimique, indispensable à son fonctionnement ; d'autre part, il rejette loin de lui les matériaux dont il a été constitué, que l'apport du milieu renouvelle incessamment ; les diverses molécules matérielles, dont l'ensemble ou plutôt la résultante des propriétés constitue le travail fonctionnel de l'élément, ne pouvant durer qu'un temps plus ou moins court. Cette double propriété d'assimilation et de désassimilation, que seuls possèdent les éléments organisés, fait incontestablement partie de leur physiologie.

De même que tous les éléments anatomiques, c'est au sang que les épithéliums empruntent les principes qui doivent servir à maintenir leur structure chimique, mais le produit de leur désassimilation au lieu de retourner dans ce même fluide, comme le font les produits analogues des autres parties. s'échappe par une autre voie. Si l'épithélium est fournissant, les matériaux qui lui ont servi sont entraînés avec le nouveau produit; si au contraire il tapisse une paroi, les mêmes substances suivront les divers corps qui cheminent en s'appuyant sur celle-ci. Il n'est pas un élément anatomique qui puise directement dans le sang la matière qu'il doit s'assimiler, ce n'est que grâce à l'endosmose et l'exosmose que s'accomplit la nutrition, peut-être quelques cellules épithéliales font-elles exception à cette règle, car celles qui tapissent les parois vasculaires sont probablement nourries par le fluide qui incessamment se trouve à leur contact. En dehors de ces épithéliums exceptionnellement placés, les autres se nourrissent d'une façon spéciale. Placés d'ordinaire à une distance relativement grande des ramifications vasculaires, ils n'arrivent à se nourrir, que par un emprunt fait de proche en proche aux éléments sur lesquels ils reposent. L'élément organisé possède une sorte d'affinité pour les substances qui servent à le constituer, il faut que les substances arrivent jusqu'à lui, ou qu'il meure; aussi qu'on me passe l'expression, il en prend où il en trouve. Telle cellule épithéliale a besoin d'un principe que possède sa voisine, elle le lui emprunte, ou plutôt le lui prend, à charge par cette dernière d'en faire autant à une autre, et ainsi de suite, jusqu'à ce que la dernière cellule qui se trouvera en rapport le plus direct avec le sang, puise là des matériaux qui serviront à la constituer elle-même. Mais, comme la plupart du temps, pour ne pas dire toujours, les épithéliums ne sont pas en contact, même médiat, avec le sang, ce ne sera pas à ce fluide que se fera l'emprunt, mais aux autres éléments nourris par lui, sur lesquels reposent les cellules épithéliales. Et c'est à ce titre que les épithéliums peuvent être considérés comme menant une véritable existence de parasites.

Ce que je viens de dire est tellement vrai, que s'il arrive à la partie qui supporte la couche épithéliale une altération profonde et permanente à la suite de laquelle sa nutrition soit, sinon totalement changée, du moins considérablement modifiée, il arrive alors que l'épithélium ne trouvant plus au contact de ces points la nourriture qu'il y prenait d'habitude, se modifie et prend des formes insolites dans quelques cas, tandis que dans d'autres une partie accessoire de la cellule épithéliale ne se montrera plus. C'est ainsi que sur l'intestin des individus qui, pendant longtemps, ont été malades d'une entérite chronique, on voit l'épithélium présenter dans les points les plus altérés un changement complet de configuration ; il est, en effet, constitué par un noyau central unique portant à chacune de ses extrémités un assez mince filament. De même, chez les individus qui, pendant longtemps, ont présenté une bronchite et une trachéite chronique, l'épithélium à cils vibratiles a disparu des points les plus altérés, et y est remplacé par des cellules prismatiques déformées, qui sont totalement dépourvues de cils vibratiles. — Mais, pour que le changement de forme ou même que la suppression d'une partie accessoire se manifeste, il faut une profonde altération; seule une maladie de longue durée s'attaquant à la nutrition du support de l'épithélium, peut produire les changements que j'ai indiqués. J'en trouve la preuve dans une expérience faite par MM. Goujon et Demoulin et relatée dans la thèse de ce dernier. Le 11 juillet 1866, la trachée d'un chien fut ouverte, et la muqueuse de ce canal cautérisée sur une étendue d'un pouce environ avec un fer rougi à blanc. L'animal se rétablit assez promptement. Il est sacrifié le 26 juillet, quinze jours après la cautérisation. La muqueuse trachéale ne présente pas la plus légère trace de rougeur inflammatoire, pas le moindre bourgeon charnu (1), «seulement on trouve sur les points où a porté la cautérisation un petit rétrécissement de la trachée, et des cicatrices qui unissent des segments d'anneaux qui ont été détruits par la force de la cautérisation; en grattant un peu ces divers points, on trouve facilement, ajoute M. Demoulin, des cellules épithéliales à cils vibratiles qui la tapissent normalement, et elles se montrent aussi abondantes dans les points qui ont été cautérisés que sur ceux qui ne l'ont pas été.» L'auteur tire de cette expérience une toute autre conséquence, mais j'en puis légitimement induire qu'une altération passagère, quelque violente qu'elle soit momentanément, est inhabile à influencer la forme des éléments épithéliaux. Que s'est-il passé dans cette expérience : le fer rouge a détruit à la fois muqueuse et épithélium, mais la muqueuse s'est rapidement reformée, et alors, placée dans les mêmes conditions qu'auparavant, elle a pu nourrir des épithéliums identiques ; si l'inflammation eût été persistante au point d'amener l'épaississement ou l'induration de la muqueuse, si en un mot les conditions eussent été irrévocablement modifiées, plus de doute que les éléments épithéliaux qui recouvraient la muqueuse n'aient été altérés dans leurs formes.

(1) Demoulin. Voir *Journal de l'anatomie* du professeur Ch. Robin, 1867, p. 76. Janvier.

N'y a-t-il que les altérations des parties qui supportent l'épithélium et contribuent à sa nourriture, qui ont le pouvoir de changer la forme de celui-ci? Je ne le crois pas; l'épithélium, pour rester toujours semblable à lui-même, a besoin d'un concours de circonstances qu'il suffit de troubler pour le rendre dissemblable à ce qu'il était auparavant. Pas une de ces circonstances ne doit être négligée, et la suppression de l'une d'entre elles, quelque peu d'importance qu'elle paraisse avoir, suffit parfois à altérer la forme des cellules. Je crois, en un mot, que les diverses conditions qui entourent l'épithélium, que les habitudes au milieu desquelles il vit en quelque sorte sont indispensables au maintien constant de sa forme primitive. C'est là ce que j'ai essayé de démontrer au moyen des expériences suivantes faites au laboratoire de M. Robin.

Le 15 juin, à peine venais-je de mettre à mort un chien, que je pris une certaine portion de muqueuse trachéale. Je l'introduisis immédiatement sous la peau d'une jeune chienne. — La plaie ne suppura pas.

Trois jours après, l'animal à qui j'avais placé le lambeau de muqueuse fut mis à mort. — Je trouvai sur la muqueuse un épithélium ayant conservé le type prismatique, bien que les angles eussent disparu. — Mais pas une seule cellule ne me permit de constater à sa surface l'existence d'un seul cil vibratile.

Le 25 mai 1867, un chien est opéré de la façon suivante: à chaque angle de l'œil, je pratique une incision oblique en bas et en avant intéressant la conjonctive, le tissu sous-cutanné et la peau, de telle façon que la paupière inférieure peut très-facilement se renverser. — Le bord libre palpébral est avivé de même que le point de la face auquel il correspond, une fois la paupière renversée. Des points de suture maintiennent cet ectropion accidentellement produit (1).

Le 29, j'examine la portion de muqueuse conjonctivale que l'ectropion a mise ainsi au contact de l'air. La paupière est d'abord essuyée très-légèrement pour enlever les leucocytes qui pourraient exister à sa surface, provenant des deux plaies latérales, et de fait, cette préliminaire opération n'enlève que des leucocytes ; un deuxième raclage donne : 1° quelques leucocytes ; 2° de rares hématies ; 3° des noyaux libres assez volumineux contenant pour la plupart un nucléole assez brillant ; ces noyaux peu volumineux mesurent environ la moitié ou le tiers du diamètre d'un globule rouge du sang ; quelques-uns d'entre eux sont plus volumineux, sans être régulièrement ovoïdes ; 4° des cellules sphériques d'un petit volume, contenant un ou deux des noyaux que je viens de décrire, pressés l'un contre l'autre. La plupart n'en contiennent qu'un seul. Sont-ce des cellules en voie d'altération ou de jeunes éléments ?

30 mai. Les cellules, à la suite desquelles je mettais hier un point d'interrogation, sont bien évidemment des cellules de nouvelle formation. Aujourd'hui, leurs contours sont plus nettement accusés, leur translucidité

(1) Ce chien, qui m'a été donné par M. Bouchut, lui a servi à faire des expériences sur la morphine. A la dernière expérience il en reçut une assez forte dose (60 cent.). Il est très-difficile à chloroformer et paraît souffrir à chaque instant de l'opération Quand tout est fini il est dans un état remarquable de faiblesse ; au moindre mouvement qu'il veut faire, il tombe et roule assez loin. L'intelligence paraît intacte. Le train postérieur est complétement paralysé. Ces effets, que je n'ai jamais observés, sont-ils dus à l'administration antérieure de la morphine ?

moindre, le nombre des noyaux libres beaucoup moins considérable ; cependant il existe encore des cellules en tout semblables à celles que j'observais hier, et qui sont des éléments récemment formés, tandis que celles qui existaient sont dans un état plus parfait. Si au contraire j'avais eu affaire à des cellules altérées, l'altération serait aujourd'hui plus manifeste. Quelques-unes de ces cellules ont un contour qui rappelle celui des corps fusiformes.

Le 3 juin, très-peu de noyaux libres, larges cellules sphériques ou oblongues avec deux ou trois noyaux assez volumineux, fines granulations moléculaires sur chacune d'elles. Leur noyau contient toujours un nucléole volumineux et brillant.

Le 10, larges et belles cellules pavimenteuses, presque toutes sphériques ou à peu près, très-peu présentent un contour polygonal, et encore quand il existe, les angles sont-ils singulièrement arrondis. On trouve enfin des lamelles cornées en tout semblables aux lamelles de l'épiderme ; elles sont même assez abondantes. (Fig. 2, pl. I.)

Pour moi, cette expérience est loin d'être capitale : l'épithélium conjonctival a bien présenté une forme différente de celle qu'il présentait de l'autre côté, attendu que, sur l'ectropion, l'immense majorité des cellules étaient sphériques ; mais ce n'est pas là un fait, je crois, très-significatif. Ce qui l'est plus, c'est la présence de lamelles cornées, analogues à celles de l'épiderme qui ne se trouvent pas à la conjonctive, et que je crois être uniquement dues à l'action de l'air. Un fait qui est encore digne de remarque, c'est que la production de ces cellules a été précédée d'une chute de celles qui précédemment existaient. J'ai encore constaté ce fait dans l'expérience suivante :

Le 16 mai 1867, je pratiquai sur un chien d'assez forte taille une incision assez étendue, et pénétrant jusque dans la cavité abdominale ; une portion du gros intestin fut maintenue par plusieurs points de suture aux lèvres de la plaie faite au flanc gauche de l'animal. Je laissai l'intestin ainsi fermé sans l'ouvrir.

Les jours suivants, la plaie est le siége d'une inflammation très-vive, et d'une suppuration très-abondante qui empêchent l'examen.

Le 23, la plaie est parfaitement détergée, ses bords adhèrent à l'intestin de la façon la plus manifeste.

J'examine alors la surface de la séreuse, toute trace de cellule a complétement disparu, seulement on remarque encore un très-grand nombre de leucocytes provenant du pourtour, avec eux plusieurs hématies. Le 27, toute trace de suppuration a complétement disparu ; j'ouvre alors l'intestin, non par une simple incision, mais avec une perte réelle de substance, de telle sorte que j'enlève ainsi la portion d'intestin qui est restée au contact de l'air.

Cette portion de l'intestin est d'une épaisseur beaucoup plus considérable qu'elle ne l'est à l'état normal.

La face externe péritonéale, soumise à un raclage modéré, fournit des masses assez considérables constituées en très-grande partie par des lames irrégulièrement polygonales à cassures brusques, à bords très-nets et très-vivement frangés ; ces corps, dont l'existence est rendue manifeste et dont les contours sont plus nettement dessinés par une solution de nitrate d'argent, ne sont autre chose que des lames cornées en tous points identiques à celles de l'épiderme, une préparation des lames cornées de l'épiderme ne me laisse pas le moindre doute à cet égard. Après qu'un frottement superficiel a fait disparaître les corps épidermoïdes, on trouve au-dessous une couche de cellules épithéliales complétement sphériques. Le noyau est aussi sphérique et vésiculeux et contient un nucléole brillant. Le plus fréquemment, le noyau est unique, et alors, dans un point de sa circonférence, il est en contact avec les parois de la cellule. Mais plusieurs cellules en présentent deux ou trois autres plus petits et aussi pourvus d'un nucléole, les cellules inégales en volume sont toutes finement granuleuses.

Plus profondément, on trouve en très-grande abondance des cellules analogues, mais d'un volume beaucoup moindre; elles sont environnées de petits corps sphériques pourvus d'un nucléole, et qui sont au-dessous des noyaux. A ce point, noyaux et cellules sont entourés d'une substance amorphe granuleuse. (Fig. 3, pl. 1.)

Mais j'avais pratiqué un anus contre nature à ce chien, dans le but de constater un autre ordre de phénomènes : je voulais voir ce que deviendrait l'épithélium de la partie du gros intestin dans laquelle les matières fécales ne passeraient plus, constater, en un mot, si le contact perpétuel des fèces était, pour les cellules épithéliales du gros intestin, une condition indispensable au maintien de leur forme, et plus généralement si l'épithélium d'un tube avait besoin, pour conserver son aspect habituel, du passage incessant des matières d'habitude contenues dans ce tube. C'est pour cela que je laissai vivre l'animal, m'assurant seulement que les excréments sortaient toujours par l'ouverture que j'avais pratiquée. Ce chien vécut ainsi jouissant d'une santé parfaite, jusqu'au 5 juillet, jour où il fut sacrifié.

Je pus alors constater que l'anus artificiel avait été établi environ à 10 centimètres de la terminaison du gros intestin, et que rien ne passait plus dans cette portion. La muqueuse de cette partie était singulièrement hypertrophiée; dans un point voisin de la plaie intestinale, elle était si considérablement épaissie qu'elle fermait complétement la lumière du canal. Sa coloration était d'un blanc pâle. Les replis étaient très-nettement accusés et les sillons laissés entre eux très-profonds. Aux environs de l'ouverture et surtout sur la portion de muqueuse opposée à l'anus artificiel étaient des cellules épithéliales très-grosses, sphéroïdales, chargées de granulations graisseuses, non toutefois assez abondantes pour masquer deux ou trois beaux noyaux contenus dans leur intérieur et pourvus d'un nucléole. (Fig. 3, pl. I.)

Cependant avec ces cellules on trouvait bon nombre d'épithéliums prismatiques. Les grosses cellules pavimenteuses n'existaient qu'aux environs de l'ouverture : à 5 ou 6 centimètres de celle-ci, on n'en rencontrait plus. Mais dans toute la portion intestinale, on voyait des cellules vésiculeuses translucides sans noyaux, à parois minces, dépourvues de granulations graisseuses.

Les unes étaient parfaitement sphériques, d'autres plus ou moins allongées, et, en examinant plusieurs préparations consécutives, j'ai pu me convaincre que c'étaient là des épithéliums prismatiques, ainsi devenus vésiculeux par le fait d'une desquamation nulle ou fort incomplète. Il était facile, en effet, de suivre en quelque sorte cette altération; d'abord la cellule prismatique se boursouflait en quelque sorte, puis on arrivait, par des dégradations insensibles constatées sur d'autres éléments, à cette forme parfaitement sphérique et à cet aspect vésiculeux. On retrouvait des cellules ainsi altérées dans tous les points de la portion intestinale inactive; mais, dans tous les points, on retrouvait aussi en assez grand nombre des cellules prismatiques avec leur aspect normal. Du reste, plus on se rapprochait de l'ouverture anale naturelle, et plus les altérations que je viens de signaler allaient diminuant. Quant à la portion située au-dessus de l'anus artificiel, elle présentait un épithélium prismatique tout à fait normal.

Telle est cette expérience qui, je crois, n'a pas duré assez longtemps pour être concluante; il faudrait, je pense, garder un animal ainsi opéré non pas un mois, mais au moins une année : alors seulement on pourrait être fixé sur la valeur de cette modification que présente la forme de l'épithélium; le cas que je viens de citer n'ayant fourni qu'un résultat incomplet d'où on ne peut tirer de conclusions positives. Quoi qu'il en soit, les expériences que je viens de rapporter présentent ce fait commun, savoir, que les épithéliums pavimenteux qui en quelque sorte se sont produits sous nos yeux n'ont jamais présenté dans ces cas une forme polyédrique. A quoi doit être attribué ce résultat? Je crois que la raison en est telle : aucune de ces expériences n'a duré assez longtemps, de telle sorte qu'une quantité assez considérable d'épithélium n'a pu être produite, et par conséquent les cellules n'ont pu agir les unes sur les autres par pression réciproque et sont restées sphéroïdales. N'est-ce pas là, en effet, ce qui s'observe à l'épiderme, où les cellules les plus profondes sont sphériques et deviennent d'autant plus polygonales et applaties qu'elles s'accumulent vers la périphérie, c'est-à-dire qu'elles subissent des pressions plus multiples.

Le 5 mai 1867, à l'aide de pinces et d'érignes, je parvins à attirer au dehors une portion assez considérable de la muqueuse du rectum sur une chienne adulte et fortement constituée. J'avivai le pourtour de cette muqueuse et aussi quelques points du périnée correspondant aux endroits que recouvrait la membrane interne de l'intestin, étalée au dehors; cela fait, par des points de suture, je fixai la muqueuse en dehors de la cavité intestinale.

Le 6, l'épithélium prismatique est couvert de granulations.

Le 7, les granulations sont en très-grande abondance; le noyau en est masqué, et les cellules rendues très-opaques.

Le 9, l'épithélium a complétement disparu; le raclage de la muqueuse solidement maintenue au dehors ne donne que de la matière amorphe granuleuse.

Le 10, on voit une multitude de corps ovoïdes serrés les uns contre les autres, d'un diamètre très-peu considérable.

Le 13, des cellules sphériques en très-grande abondance, analogues à celles de la fig. 1, pl. I; toutes ont un noyau central; il y a encore dans la préparation un assez grand nombre de noyaux libres. Les cellules ont un contour pâle.

Le 17, un premier râclage me donne de magnifiques cellules épithéliales pavimenteuses (fig. 5, pl. I), polygonales, pourvues de noyaux; plusieurs de ces cellules sont isolées sur la préparation, mais nombre d'entre elles sont disposées en plaques, comme le montre la figure, ce qui permet de dire qu'à ce moment la portion de muqueuse est entièrement tapissée d'épithélium pavimenteux analogue. Le lendemain, mêmes cellules pavimenteuses.

Ce même jour, le 18, je détachai la muqueuse de ses adhérences avec le périnée, et je la fis rentrer complétement.

Le 28 du même mois, je tirai en dehors une notable portion de la muqueuse rectale; l'ayant raclée avec un scalpel, je constatai que l'épithélium avait changé de forme ; il était redevenu prismatique, et cela de la façon la plus manifeste. Ce même jour, je fis ce que j'avais fait le 5 mai : j'avivai la muqueuse, et je la fixai au dehors sur le périnée aussi avivé.

Le 7 juin, un râclage de la muqueuse étalée sur le périnée me donna les plus belles cellules pavimenteuses polygonales, beau noyau central, quelques-unes libres, d'autres réunies en plaques d'une étendue plus ou moins considérable. (Fig. 5, pl. I.) Alors je rompis de nouveau les adhérences, et fis rentrer la muqueuse.

Enfin, le 12 juin, voulant pratiquer une autre opération sur cette chienne, je la soumis au chloroforme, et, par suite d'une négligence, elle mourut. J'examinai sa muqueuse rectale : l'épithélium qui tapissait la portion la plus inférieure était redevenu prismatique, à cellules bien nettes et en tout analogues à celles qui s'observent normalement sur le gros intestin ; cet épithélium n'était pas différent de celui qui plus haut tapissait cette portion de muqueuse que je n'avais jamais entraînée au dehors.

Cette expérience montre, selon moi, de la façon la

plus nette et la plus évidente, que les épithéliums sont en quelque sorte fatalement amenés à se plier aux nouvelles conditions qui leur sont faites, et que le revêtement épithélial de certaines parties ne doit pas être considéré comme un fait ne pouvant subir aucune modification, et devant persister tel qu'il est. J'ai pu mettre ainsi dans des conditions exceptionnelles certaines parties de l'épithélium intestinal; vainement j'ai essayé de placer dans une situation anormale un épithélium appartenant à une toute autre variété. C'est ainsi que j'ai établi sur des animaux des plaies comprenant des glandes; la cicatrisation apparaissait alors très-rapidement, et je n'aurais pu maintenir la plaie ouverte qu'en usant de moyens qui auraient pu et qui certainement auraient agi sur la production du phénomène que je désirais observer, et auraient modifié les résultats.

Des trois expériences que je viens de rapporter il ressort cependant un fait très-important sur lequel je veux insister. Ce fait, qui s'est reproduit maintes fois sous mes yeux, est le suivant. Quand une surface épithéliale se trouve placée dans des conditions différentes de celles où elle a l'habitude de vivre, l'épithélium existant ne se modifie jamais, il tombe et disparaît pour être bientôt remplacé par d'autres éléments qui présenteront, soit une forme différente, soit des propriétés qui ne seront plus les mêmes. Une fois née, la cellule épithéliale présentera constamment et la même forme et les mêmes propriétés quelles que soient les circonstances au milieu desquelles elle sera ultérieurement placée; seulement si les circonstances sont telles qu'elle ne puisse pas subsister dans sa forme primordiale, elle ne se modifiera pas, mais elle tombera, faisant ainsi place à une nouvelle cellule qui se montrera telle que l'exige la situation nouvelle faite à la partie qui la supporte. Tel est le fait démontré par l'observation et duquel on peut, je crois, tirer cette induction très-importante, mais aussi très-légitime, que le blastème épithélial n'est pas unique, mais qu'il diffère suivant les diverses espèces d'épithéliums auxquelles il doit donner naissance. Prenons par exemple la dernière expérience que je viens de rapporter. Un blastème existait à la superficie de la surface intestinale et s'organisait en cellules prismatiques ; je le place dans des circonstances telles que d'une part il sera en contact immédiat et perpétuel avec l'air atmosphérique, et d'autre part il sera à l'abri du contact des excréments : le blastème en sera-t-il modifié ? très-probablement oui, puisque la nutrition de la partie mise en expérience a elle-même subi des modifications, et ceci est incontestable, puisque des éléments qui vivaient parfaitement à cet endroit n'y peuvent plus exister et sont forcés de se desquamer rapidement. Ils resteraient forcément en place si leurs conditions d'existence n'étaient pas changées. Dès lors ne doit-on pas affirmer que l'échange des divers principes n'étant plus le même, le plasma sanguin ne présente plus en cet endroit la même composition et par conséquent ne saurait donner lieu à un blastème identique.

L'induction que je viens de tirer de ces expériences trouve une éclatante confirmation dans ce qui se passe pour l'épithélium utérin pendant la grossesse. Sous l'influence de l'état de gestation qui apporte certainement dans la nutrition des troubles plus ou moins accentués, les cellules épithéliales de l'utérus sont profondément modifiés, depuis celles qui tapissent la surface extérieure de l'organe jusqu'à celles qui, enfouies dans son épaisseur, appartiennent aux follicules (1). Ces dernières ne changent pas leur forme typique, mais par suite des conditions nouvelles où elles sont placées, elles se trouvent modifiées d'une manière en quelque sorte accessoire. Il n'en est pas de même des cellules qui tapissent la muqueuse utérine : celles-ci subissent les changements suivants observés par M. Robin (2). « L'épithélium de la cavité du col utérin dit-il, conserve son état prismatique pendant toute la durée de la grossesse, en perdant toutefois les cils vibratiles, » et plus loin : «L'épithélium de la cavité passe de la forme cylindrique ou même prismatique à l'état pavimenteux. Aucun fait ne prouve que ce soient les cellules prismatiques qui directement prennent la forme pavimenteuse. Tout montre, au contraire, qu'un certain temps après la fécondation, l'épithélium de la cavité du corps de l'utérus s'exfolie cellule par cellule pour ainsi dire, ou par petits lambeaux ; puis celui qui le remplace est un épithélium pavimenteux à cellules larges de 0,012 à 0,018 de millimètres de diamètre régulièrement polyédriques et juxtaposées en pavés, ayant un noyau sphérique ou ovoïde à peu près du volume d'un globule rouge du sang » (3).

Dans le cas de grossesse l'altération profonde que la nutrition subit est suffisante pour modifier la composi-

(1) Ch. Robin. Mémoire sur les modifications de la muqueuse utérine avant, pendant et après la grossesse. Voir *Mémoires de l'Académie de médecine*, t. XXV, 140 et *passim*.

(2) *Ibid.*, p. 138 et 139.

(3) Ces modifications sont aussi décrites par M. Robin dans le *Journal de l'anatomie et de la physiologie*, 1858, t. 1, p. 60 — Mémoire sur quelques points de l'anatomie et de la physiologie de la muqueuse utérine.

tion du blastème et, par contre, la forme des cellules auxquelles il donne naissance.

Dire qu'il n'existe qu'un seul blastème épithélial et que les cellules sont modifiées dans leur forme par des agents mécaniques me paraît insoutenable, en examinant la distribution des épithéliums dans l'économie. On voit en effet des points présentant les mêmes conditions mécaniques d'humidité, de pressions, de contact de l'air, avoir un épithélium différent et vice versa. L'épithélium de la membrane interne des vaisseaux, est-il le même que l'épithélium de l'intestin? Et pourtant dans l'un et l'autre cas il y a pressions extérieures, humidité, et abri du contact de l'air; et n'y a-t-il pas des organes où on trouve à la fois deux variétés d'épithéliums? Les conditions mécaniques ne sont-elles pas les mêmes sur tout le parcours des bronches? et pourtant en un point l'épithélium change de nature.

Je veux, avant de terminer, indiquer ce fait, que, lorsqu'on arrive par l'expérimentation à pouvoir placer l'épithélium dans d'autres conditions que celles où il a l'habitude de vivre, les altérations se manifestent très-promptement. On voit, en effet, l'épithélium existant changer rapidement d'aspect, ce qui indique un trouble de la nutrition très-prompt à s'effectuer. J'ai été, en effet, témoin du fait suivant en faisant des expériences, qui trouveront leur place dans la dernière partie de mon travail.

Le 25 avril 1867, je pratiquai à un cochon d'Inde l'occlusion de l'œil gauche en avivant le bord libre des paupières, les affrontant et les maintenant accolées par des points de suture; en même temps je lui introduisis sous la peau un fragment de glande pancréatique prise sur un chien que l'on venait de mettre à mort.

Le lendemain, vingt-quatre heures après que l'opération avait été faite, je retournai au laboratoire ; l'animal était très-malade; il mourut deux heures environ après mon arrivée, c'est-à-dire vingt-six heures après l'opération. J'en fis immédiatement l'examen :

La mort a été causée par ma dernière expérience, qui a provoqué une suppuration considérable.

Les cellules épithéliales de la cornée et de la conjonctive sont chargées de granulations graisseuses très-fines et très-abondantes, mais elles ne sont pas sensiblement déformées; plusieurs d'entre elles ont un noyau de plus, mais dans toutes le noyau déjà existant est devenu manifestement vésiculeux.

Voilà une altération légère, mais incontestable quand on comparait l'épithélium du côté opéré avec celui de l'œil indemne. Aussi je ne cite ce fait que pour montrer avec quelle rapidité apparaissent les troubles de la nutrition épithéliale, quand on place ces éléments anatomiques dans des conditions autres que celles dont normalement ils sont entourés.

QUATRIÈME PARTIE

CHUTE DES ÉPITHÉLIUMS ET LEUR ÉLIMINATION

§ 1.

DE LA DESQUAMATION ÉPITHÉLIALE.

C'est un des caractères des tissus produits d'être constamment en voie de rénovation ; aussi les épithéliums, rangés par de Blainville parmi ces tissus présentent-ils ce caractère. Sur toute couche épithéliale, on peut remarquer, si la couche possède une certaine épaisseur, trois sortes d'éléments : les premiers, les plus rapprochés du support, sont en voie de formation ; au-dessus d'eux se voient les épithéliums arrivés à leur parfait développement, enfin le plus superficiellement, les épithéliums qui vont tomber. J'ai, dans les précédentes parties, étudié les deux premiers ordres de ces éléments ; il me reste à parler de ceux dont la chute est imminente. La desquamation épithéliale reconnaît plusieurs causes, les unes vitales, les autres mécaniques, la première de ces dénominations exprimant un concours de circonstances spécial à la matière organisée.

Ces causes vitales peuvent se rapporter à une seule, qui consiste en une altération de nutrition, soit que cette altération de nutrition ait son point de départ sur le support épithélial, soit qu'elle soit due à l'épithélium lui-même. Je m'explique : une membrane recouverte d'épithélium vient à s'enflammer : bien évidemment, les conditions de nutrition vont s'y trouver changées, et alors l'épithélium tombera, desquamé par une cause vitale dont le siége sera sur le support. D'un autre côté, voici une couche épithéliale ; au-dessous d'elle apparaissent continuellement de nouveaux éléments, qui écartent de plus en plus du support ceux qui sont déjà formés ; arrive un moment où les cellules superficielles sont assez éloignées du support pour que leur nutrition s'accomplisse mal, d'où une graduelle altération dans la composition chimique de la cellule. Quand cette altération sera assez considérable pour que l'élément épithélial ne puisse plus continuer à vivre, il sera desquamé, et cela par une cause vitale inhérente à l'épithélium. Voilà, d'une manière générale, quelles sont les causes vitales qui produisent la desquamation épithéliale, et pour le dire d'un mot, on comprend combien ces causes viennent en aide aux causes mécaniques, et combien peu d'efforts auront à faire les agents extérieurs pour détacher une cellule qui se trouve dans l'un ou l'autre des cas que je viens d'exposer. Cependant on ne saurait nier que le passage des divers corps dans des cavités tapissées d'épithéliums ne soit une cause déterminante de la chute de ces éléments, et qu'ils les desquament d'autant mieux que les épithéliums sont dans l'un ou l'autre des cas que j'ai signalés.

Telle est, je crois, la manière dont s'effectue la desquamation épithéliale, par suite de l'éloignement insensible de l'élément, et par contre, par des conditions de nutrition graduellement plus mauvaises. C'est à cette imperfection nutritive produite par une naissance perpétuelle, qu'est due la chute des épithéliums, et il me semble plus rationnel d'envisager ainsi l'effet produit par des cellules de nouvelle formation, que de les considérer comme un agent en quelque sorte mécanique qui refoulerait loin de l'organe les éléments situés au-dessus d'eux jusqu'à les éliminer d'une manière absolue. Ainsi donc les altérations de nutrition doivent être mises en première ligne comme causes de desquamation; en seconde ligne seulement, les violences mécaniques qui agissent surtout sur des éléments déjà rendus moins solides par un commencement de troubles apportés dans leur nutrition.

Ce n'est pas seulement, ainsi que je viens de le dire, qu'agissent sur la desquamation épithéliale les altérations de nutrition, dans quelques cas, par suite de troubles nutritifs généraux auxquels l'économie est en proie, survient une desquamation d'épithélium très-abondante, c'est ainsi que la fièvre, cette cause si manifeste des troubles nutritifs, amène une abondante desquamation épithéliale. Les urines contiennent en plus grande quantité que d'ordinaire des éléments épithéliaux venant du rein, de la vessie ou de l'urèthre, la langue est chargée de cellules épithéliales qui n'adhèrent plus à la muqueuse, et qui sont maintenues, réunies par un mucus plus ou moins concret. Enfin, chaque fois que l'on est en présence d'un état général analogue désigné sous le nom d'état saburral, n'est-on pas aussi témoin d'une altération dans la nutrition générale et par suite d'une chute abondante d'épithélium? D'autres maladies qui altèrent gravement toute la nutrition de l'organisme, se signalent aussi par une chute considérable de l'épithélium; entre toutes, se distingue la scarlatine qui altère à tel point la nutrition, que l'épithélium qui recouvre la surface cutanée, entre tous le plus solidement en place, tombe par plaques étendues; et ne peut-on pas aussi attribuer, à une chute de l'épithélium des séreuses, qui, à l'état normal, maintient le réseau capillaire, la grande facilité avec laquelle se montrent les épanchements à la suite de cette maladie ?

Guidé par ces idées, j'ai voulu m'assurer expérimentalement de l'action que pouvait exercer sur les animaux l'altération de nutrition produite par le manque absolu d'aliments. A cet effet, j'ai soumis au jeûne absolu un lapin et un pigeon. Le premier de ces animaux, mort au bout de deux jours, ne m'a donné que des résultats insignifiants ; l'oiseau a résisté pendant dix jours ; il présentait tous les désordres décrits par Chossat. Son intestin contenait encore un assez grand nombre de cellules épithéliales, mais l'épithélium avait disparu sur bien des points de la muqueuse intestinale. Le jabot présentait de très-rares cellules ; la trachée en présentait aussi très-peu, et dans les premières voies digestives et respiratoires, il fallait rechercher avec grand soin les cellules pour les apercevoir. Dans tous les cas l'épithélium était d'une remarquable translucidité ; les parois très-minces, le noyau volumineux. Chacune des cellules épithéliales était chargée de granulations graisseuses très-fines, mais très-abondantes ; les éléments en étaient couverts ; d'autres granulations de même nature étaient libres à la surface muqueuse, et quelquefois si abondantes, qu'il fallait les dissoudre pour voir au milieu d'elles, les pâles cellules d'épithélium dont le nombre avait singulièrement diminué.

A quoi faut-il attribuer cette diminution des épithéliums dans ce cas ? (1) Leur rareté est-elle la consé-

(1) J'ai été bien surpris de lire dans le *Traité de physiologie* de M. Longet, t. I, p. 29 : «Dans l'inanition, l'épithélium augmente dans la proportion de 1.09 à 1.23.» Ces chiffres sont tirés du Mémoire de Chossat (*Re-*

quence d'une desquamation générale par suite du défaut des principes nécessaires à leur nutrition, ou bien ce manque de principes influe-t-il sur le blastème épithélial et le rend-il inhabile à donner naissance à des cellules? C'est ce qui pourra être démontré par de nouvelles expériences (1).

Quelles que soient les altérations de nutrition subies par les éléments épithéliaux, les causes mécaniques viennent hâter singulièrement leur chute. Le passage des corps solides ou liquides dans les tubes qui en sont tapissés, et le frottement qui en est la conséquence, déterminent l'élimination de ceux qui sont le moins solides. Comme on le pense bien, ces causes sont plus ou moins actives suivant la nature du corps frottant. Ainsi éliminés par une cause ou par une autre, les épithéliums sont entraînés au dehors avec les substances qui par leur frottement ont été la cause principale, ou seulement déterminante de leur chute. C'est ainsi que les liquides sécrétés ou même ceux qui ont séjourné dans une poche tapissée d'épithélium, contiennent

cherches sur l'inanition, Mémoire de l'Acad. des sciences, 1843, t. VIII, p. 507). Mais Chossat fait une confusion que M. Longet aurait bien pu éviter. C'est la muqueuse stomacale qu'il nomme épithélim. — Il en donne le poids et il dit : « Dans 8 autopsies, j'ai pu enlever l'épithélium sans le déchirer,» et plus loin : « L'épithélium présente des portions épaisses et des portions minces (p. 524).» Évidemment c'est de la muqueuse en général qu'il s'agit.

(1) Je dois cependant signaler un fait analogue observé sur des animaux d'une autre espèce. J'ai examiné des sangsues qui depuis longtemps n'avaient pas sucé de sang ; l'épithélium, pris dans leurs divers estomacs était chargé de granulations graisseuses et les cellules très-pâlies, à tel point que dans bien des cas c'est à peine si on les voyait limitant la graisse, dans quelques cas même on ne les voyait pas, et les granulations conservaient dans leur groupement la forme des autres cellules. Enfin il y avait aussi en quantité des granulations libres. — L'épithélium serait-il, par suite du manque absolu d'aliments, détruit par l'accumulation de la graisse dans son intérieur?

des cellules même dans l'état de santé le plus parfait.

Ainsi disparaissent les éléments épithéliaux, pour bientôt être remplacés par d'autres analogues. Cependant il est dans l'organisme des points où la desquamation épithéliale n'est pas suivie de régénération. Ainsi à l'endocarde et sur la tunique interne des vaisseaux, l'épithélium une fois tombé ne reparaît plus, et sur ces surfaces on ne trouve plus que des îlots de cellules épithéliales, diminuant d'étendue à mesure que le sujet avance en âge.

§ 2.

DES PARTIES OU LA DESQUAMATION EST NULLE.

Les parties qui accidentellement sont mises dans un état tel que la desquamation épithéliale ne peut s'effectuer, renferment des éléments épithéliaux qui deviennent le siége d'altérations diverses. Ces altérations portent à la fois, et sur l'épithélium qui est en place encore adhérent au support, et sur celui qui s'est détaché de la surface qu'il occupait, et qui n'a pu être entraîné au dehors par suite de l'obstacle que l'on a mis à sa sortie. Les changements qui s'observent sur les premiers sont dus, le plus souvent, à toute autre cause qu'à l'arrêt de la desquamation, dans la plupart des cas, en oblitérant l'issue, on a en quelque sorte supprimé une des conditions au milieu desquelles vivait l'épithélium, et c'est par suite de la position nouvelle où il est placé, que l'épithélium change d'aspect. Si comme je l'ai pratiqué plusieurs fois, on réunit le bord libre des paupières d'un animal, l'épithélium que l'on trouvera ultérieurement à la cornée ou à la conjonctive sera déformé; mais dans ce cas, on aura à la fois soustrait la surface du globe de l'œil, et au contact de l'air atmosphérique, et à l'action du frottement des paupières qu'amène le clignotement; d'où peut-être les variations dans l'aspect des cellules épithéliales. Aussi n'est-ce pas sur ces altérations que je veux insister. Je me contenterai de les indiquer, et c'est pour n'avoir pas à scinder des observations faites sur un même animal que je ne les ai pas mentionnées au paragraphe qui traite de la nutrition des épithéliums. Quant aux cellules qui sont tombées du support et qui ont été empêchées de sortir, elles présentent des altérations qui doivent trouver ici leur place. On peut dire que, retenues, elles se sont déformées, et que cette altération est en quelque sorte cadavérique. Le corps d'un animal qui a cessé de vivre présente au bout d'un certain temps une série de modifications bien connues; de même une cellule qui n'est autre chose qu'un petit organe, ayant cessé de vivre, si elle est maintenue détachée des points où elle se nourrissait, et si elle ne s'échappe pas hors de l'organisme, présentera une série de modifications, qui entre autres effets, changeront la forme des diverses parties qui la constituent, et qui pourront lui donner un aspect inaccoutumé.

Cependant, tous les obstacles qui entravent la desquamation épithéliale n'aboutissent pas uniquement à la déformation pure et simple des éléments, qui n'ont pu être entraînés au dehors. Dans quelques cas, il y a production d'un corps nouveau, toujours à la vérité composé de cellules mortes, qui varie lui aussi, de forme, de consistance et de grosseur; tantôt les diverses cellules s'agglomèrent et donnent naissance à une sorte de masse molle et caséeuse, tantôt des corps sphériques se forment, d'une dureté caractéristique. Quand on empêche la desquamation épidermique de s'accomplir régulièrement se produisent les globes épidermiques. A l'état normal, on trouve quelques-uns de ces globes dans le repli balano-préputial, surtout chez les individus affectés de phimosis, et aussi dans les plis radiés de l'anus. Quelques cellules épithéliales se chargent de granulations graisseuses ou calcaires, deviennent sphériques et se creusent d'excavations, puis s'entourent d'éléments épidermiques qui s'imbriquent autour d'elles comme centre analogue au noyau d'une cellule. L'épithélium environnant se groupe en couches concentriques, les globes épidermiques en résultent ; ces corps se présentent sous l'aspect de grains perlés ou nacrés mesurant de un quart de millimètre à un, deux et même trois millimètres de diamètre. Parfois, quand ils ont atteint un volume assez considérable, ils se recouvrent de granulations calcaires (calculs du prépuce). Quelquefois, deux de ces globes se soudent, et réunis, servent de centre à d'autres dépôts concentriques de cellules épithéliales ; dans les cas où deux ou trois globes ainsi soudés deviennent le centre d'une production périphérique nouvelle, le globe épidermique qui en résulte peut atteindre le volume d'un petit pois. Dans quelques globes très-volumineux, le centre est représenté, non plus par une ou plusieurs cellules, mais soit par un corps gras, soit par un sel calcaire, soit même par un caillot sanguin.

Tels sont les résultats qu'entraîne l'arrêt de la desquamation épithéliale dans certains cas ; mais l'épithélium que l'on empêche d'être expulsé ne se montre pas toujours ainsi groupé autour d'un centre ; dans la très-grande majorité des cas, les altérations de formes des diverses parties qui constituent la cellule, sont le seul trouble apporté par la suppression de la desquamation. C'est ce que j'ai observé plusieurs fois dans les expériences dont je vais rendre compte.

Le 4 mai 1866, deux cochons d'Inde furent opérés de la façon suivante : le bord libre de leurs paupières fut avivé, et ces bords encore saignants furent accolés et réunis par des points de suture. Cette opération ne fut faite que d'un côté.

Le jour suivant, l'œil était un peu gonflé.

Le 8, la cicatrisation était complète et les paupières parfaitement réunies.

Le 12 juin, les animaux sont mis à mort.

Les yeux laissés intacts ont la conjonctive et la cornée tapissées par un épithélium très-régulièrement pavimenteux. Seulement, les cellules qui le constituent, égales et uniformes, rappellent un peu par leur aspect les éléments qui constituent certaines variétés d'épithéliums prismatiques. Il est rectangulaire et allongé, portant un beau noyau central qui, dans quelques cellules, va d'une paroi à l'autre.

Les yeux fermés ont leur conjonctive tapissée d'épithéliums pavimenteux altérés. Les altérations de formes sont manifestes et sont représentées dans la figure 2 de la pl. II, qui est un composé des divers types d'altération, pris sur l'un ou l'autre animal. Le plus grand nombre de ces cellules sont très-grosses, cinq ou six fois plus volumineuses que celles qui sont restées normales sur l'œil opposé ; elles sont aussi très-irrégulières, pentagonales ou bizarrement contournées. Chacune des cellules ainsi altérées et finement granuleuses, en quelques endroits creusées de petites excavations, portant deux, trois ou un plus grand nombre de noyaux très-gros munis de nucléoles. Il est aussi quelques cellules qui ont conservé, à peu de chose près, le type normal sans de trop grandes variations ; mais ces rares cellules portent deux ou trois noyaux à nucléole. Toutefois, ces dernières cellules sont rares.

Le 2 juin 1867, deux lapins sont opérés de la même façon, c'est-à-dire que sur chacun d'eux un œil est fermé par l'avivement des bords libres des paupières et une suture métallique.

Le 11, un de ces lapins est trouvé mort sans que je sache à quelle cause attribuer son trépas. La cicatrisation de l'œil qui paraissait complète lors de mon dernier examen le 8, a été détruite depuis peu de temps et son cadavre présente l'œil opéré à demi ouvert, maintenu seulement du côté de l'angle antérieur par quelques adhérences cicatricielles. Cet œil a dû demeurer ainsi pendant un certain temps que je ne saurais préciser, mais qui ne remonte pas à plus de trois jours, puisque le 8 rien de tel ne s'est montré.

L'épithélium qui tapisse la conjonctive de l'œil opéré ne présente qu'une petite différence avec celui de l'œil sain. Les cellules les plus superficielles présentent une forme et un volume s'écartant très-peu de l'état normal; cependant quelques-unes d'entre elles sont granuleuses. Mais plus profondément les cellules déformées et granuleuses deviennent notablement plus fréquentes ; leurs formes sont plus ou moins altérées, elles présentent quelquefois deux ou trois noyaux et sont dans tous les cas chargées de granulations.

Que conclure de ce fait ? Que les cellules les plus superficielles sont revenues à l'état normal depuis que l'œil s'est rouvert et que les profondes nées sous l'empire de circonstances qui altéraient la composition du blastème épithélial se montrent modifiées par cela seul.

Le 19. Le deuxième lapin est tué. La cicatrisation chez celui-ci s'est parfaitement effectuée et son œil s'est parfaitement fermé. Il existe dans cet œil de petites masses caséeuses blanches, du volume d'une tête d'épingle et de la consistance du fromage de Brie. Certains de ces petits corps se trouvent libres dans les replis de la conjonctive, d'autres sont adhérents ou étendus en nappe sur le globe de l'œil qu'ils recouvrent en partie. Ces productions sont uniformément constituées par des cellules épithéliales déformées présentant la forme indiquée par la fig. 1, pl. II.

Ces cellules sont irrégulières à deux ou trois noyaux, munis de nucléoles assez brillants. Quant à la matière granuleuse qui environne de toutes parts ces cellules et qui est très-abondante sur la préparation, je pense que ce n'est autre chose qu'un détritus de matière épithéliale. La conjonctive est tapissée de cellules aussi irrégulières.

Le 27 avril 1866, sur un chien de taille moyenne, je fais la ligature de deux conduits de Sténon. La ligature est appliquée environ à l'union du tiers postérieur avec les deux tiers antérieurs ; avant de l'appliquer, le canal est réséqué dans une étendue d'environ 2 centimètres, pour éviter qu'il ne rétablisse sa continuité.

Le 28 et le 29. Les deux régions parotidiennes sont engorgées, la tuméfaction est égale des deux côtés ; douleur à la pression ; pas de fluctuation. Cet animal que je nourris de viande bouillie, manifeste une gêne considérable de la déglutition.

Les jours suivants, le chien va très-bien ; la gêne de la déglutition disparaît peu à peu.

L'animal est sacrifié le 24 juin. A l'autopsie je constate que du côté droit j'ai parfaitement lié et réséqué le conduit de Stenon, tandis que du côté gauche je ne l'ai pas lié.

La glande parotide qui correspond au conduit de Stenon lié et réséqué, est de beaucoup augmentée de volume, environ du double. La glande paraît composée de deux portions : une supérieure, constituée par les deux tiers de la glande, dure relativement à la portion inférieure qui la coiffe à la manière d'un casque, et qui est constituée par une partie de glande ramollie, profondément altérée, d'une consistance et d'un aspect général qui rappellent le mucus nasal ; la couleur de cette dernière partie est jaunâtre ; la matière qui la constitue s'étend en filaments et colle aux objets avec lesquelles on la met en contact ; l'épaisseur de cette dernière partie est de 1 centimètre environ. Une légère teinte rougeâtre s'observe à l'endroit où les deux portions de la glande sont en contact. La portion supérieure qui ne présente pas cette consistance gélatineuse, bien que intérieurement, elle soit coiffée par cette matière, est différente d'aspect suivant qu'on examine tel ou tel autre de ses points. Dans le voisinage de la partie muciforme, la glande est ramollie, réduite en une sorte de substances caséeuse ; mais à mesure qu'on s'éloigne de cette portion gélatiniforme, la glande prend un aspect normal et dans sa partie la plus supérieure, elle a l'air tout à fait saine.

La partie gélatineuse est composée d'une multitude

de cellules d'un volume très-considérable, 1 et 2 cent. de mm.; leur forme est sphérique, elles sont finement granuleuses et les granulations qui chargent leurs parois réfractent fortement la lumière; sur plusieurs d'entre elles se voient deux, trois ou quatre noyaux se touchant et remplissant à peu près toute la cavité. Ces cellules ne sont autre chose que des leucocytes de la salive singulièrement hypertrophiés. (Fig. 3, pl. II.)

La partie de la glande la plus rapprochée de la portion muciforme est très-ramollie, renfermant des dépôts de graisse assez considérables. On n'y retrouve pas vestige de culs-de-sac glandulaires; seulement quelques fibres lamineuses, et des cellules épithéliales singulièrement hypertrophiées, dont la forme et le nouvel aspect ne rappellent pas le moins du monde celui de l'épithélium nucléaire parotidien. Cet épithélium nucléaire s'est-il organisé en cellules, ou bien deux ou trois éléments se sont-ils réunis et soudés ensemble, c'est ce que je ne saurais dire.

La forme des cellules épithéliales est représentée, fig. 4, pl. II; elles sont couvertes de granulations, creusées en plusieurs points de cavité et d'un contour parfois singulièrement tourmenté. Elles contiennent deux ou trois noyaux volumineux, et se présentent groupées en amas. D'autres ont un contour très-pâle, et c'est avec peine qu'on en peut suivre les linéaments. A mesure que l'on s'élève vers la partie supérieure de la glande, l'épithélium devient de moins en moins déformé, et dans la portion la plus élevée on voit des culs-de-sac parfaitement distincts, renfermant seulement un épithélium d'un volume double de celui qu'il présente à l'état normal.

Sans qu'il soit nécessaire de recourir à des expériences, on peut voir l'épithélium présenter des modifications très-manifestes, causées par une desquamation nulle. Tel est le cas de l'épithélium de la cavité utérine sur lequel vient s'implanter le placenta. Certaines de ces cellules atteignent jusqu'à 1 dixième de millimètre de diamètre, et elles seraient visibles à l'œil nu si elles étaient moins transparentes. Leur forme varie singulièrement, et on retrouve des cellules présentant toute espèce de contours. Tantôt elles sont allongées et leurs deux extrémités se terminent en pointe généralement irrégulièrement tronquée. D'autres fois l'allongement n'a lieu que d'un seul côté, et l'autre demeurant ovoïde, la cellule prend la forme d'une raquette. Il est aussi commun de voir leurs extrémités bifurquées, leurs bords comme incisés ou creusés, ou au contraire pourvus d'un ou plusieurs prolongements plus ou moins étroits. Il en résulte des formes très-bizarres, et qui sans contredit donneraient le change sur la nature de ces éléments, si on n'avait suivi leur graduelle déformation. Certaines de ces cellules hypertrophiées contiennent deux à six noyaux, mais le fait est rare; la plupart n'en possèdent qu'un, mais remarquablement volumineux, clair, peu granuleux, à contour net et régulier; ce noyau est ovoïde ou sphérique, mais toujours très-hypertrophié; il atteint presque toujours une longueur de 12 à 18 millièmes de millimètre, sur une largeur de 6 à 10 millièmes de millimètre quand il est ovoïde. Chaque noyau renferme un ou deux nucléoles larges de 1 à 4 millièmes de millimètre, à centre brillant, de teinte ambrée, à contour net et foncé, noirâtre.

Ces cellules sont très-transparentes et très-pâles, mais

nombre d'entre elles sont parsemées ou remplies de granulations graisseuses, plus nombreuses généralement autour du noyau, qu'elles circonscrivent, que dans le reste de la cellule. Partout ou elles sont accumulées elles rendent celle-ci opaque, état qui tranche sur la transparence du reste de l'élément (1).

§ 3.

DE L'ÉPITHÉLIUM INFILTRÉ DANS LES TISSUS.

Traiter d'une manière complète l'infiltration épithéliale avec ses modifications ses diverses manières d'être, et les altérations qu'elle détermine aussi bien sur les organes qui l'environnent que sur l'organisme en général, serait faire l'histoire anatomique du cancer et de l'épithélioma. Je n'ai pas, comme on le comprend, la prétention de présenter ici cette histoire, cette tâche serait bien au-dessus de mes forces. Du reste, cette histoire est faite et bien faite; et si rarement on la trouve exposée d'une manière didactique, et systématiquement présentée, du moins les matériaux divers qui peuvent servir à édifier cette anatomie sont-ils assez répandus pour qu'il soit possible d'en acquérir une idée exacte. Je me contenterai donc dans ce paragraphe d'aborder quelques points relatifs à la cause de l'infiltration épithéliale, aux modifications que subissent ces éléments quand leur nutrition est gênée par cette anormale situation, et aux lésions qu'ils impriment aux tissus voisins. Enfin je parlerai de quelques expériences qui ont

(1) Ch. Robin, *Mémoire sur les modifications de la muqueuse utérine, avant, pendant et après la grossesse*, in *Mémoires de l'Académie de médecine* t. XXV, 140 et *passim*.

eu pour but d'éclairer la question du transfert épithélial, et par contre la généralisation des tumeurs qui reconnaissent l'épithélium pour base.

Les causes qui produisent l'infiltration épithéliale peuvent être groupées sous deux chefs principaux : en première ligne, l'ensemble des causes inconnues auxquelles on a donné le nom de diathèse et qui donne lieu à une production hétérologue d'épithélium. L'ensemble de ces causes est encore enveloppé de bien des voiles, et l'hétérotopie épithéliale, pas plus que tous les phénomènes de cet ordre, n'a reçu d'explication confirmée par les faits. En second lieu, l'infiltration épithéliale peut être produite par une surface épithéliale normale, qui par suite de modifications accidentelles, verse dans la profondeur des tissus les éléments qui d'habitude étaient isolés dans une gaîne spéciale. Plusieurs culs-de-sac glandulaires présentent parfois une hypergénèse de l'épithélium contenu dans leur intérieur; ces culs-de-sac sont alors bourrés en quelque sorte de ces cellules, qui par leur production exagérée, distendent la membrane anhyste constituant le réceptacle. Peu à peu cette enveloppe est tellement distendue qu'elle cède, éclate, et l'épithélium s'infiltre entre les éléments circonvoisins; souvent nombre de culs-de-sac ont ainsi répandu leur contenu au dehors et continuent à répandre des éléments de cette nature, car, bien que déchirée, elle est encore le siége des phénomènes de naissance épithéliale, et ces éléments, une fois nés, vont grossir le nombre de ceux qui sont en dehors de la glande.

Telle est, d'une manière générale, la manière dont se constituent plusieurs tumeurs épithéliales. Je dois dire cependant que souvent une infiltration épithéliale, peut avoir lieu sans qu'il survienne jamais la moindre tumeur. C'est un fait dont j'ai été plusieurs fois témoin, et que l'observation suivante met hors de doute :

Le 16 mai, j'avais une chienne qui portait à la lèvre inférieure une tumeur du volume d'une noisette ; je lui enlevai cette tumeur, et j'en détachai un petit fragment qui me permit de constater que cette production était de nature épithéliale. La tumeur fut un peu écrasée, puis placée sous la peau de la région dorsale d'un autre chien, les lèvres de la plaie maintenues par des points de suture fermant bien la solution de continuité. — L'incision cicatrisa très-promptement. Ce ne fut que le 12 juin que je fis l'autopsie de ce chien, et il me fut impossible de trouver trace de la tumeur que je lui avais insérée sous la peau ; une cicatrice linéaire indiquait seulement la place qu'avait occupée le produit épithélial. Je ne pus rechercher dans d'autres organes les éléments constitutifs de la tumeur, cet animal m'ayant servi à une autre expérience, qui rendait cette investigation impossible.

Que les tumeurs épithéliales soient formées par un épanchement d'épithélium provenant d'un organe dans la texture duquel entrent ces éléments, ou qu'elles doivent leur origine à l'ensemble de conditions non déterminées, réunies sous la dénomination de diahtèse, elles peuvent acquérir un volume considérable, et par suite des conditions nouvelles où ils se trouvent placés, les éléments peuvent subir diverses modifications. Un des changements les plus importants est l'hypertrophie et la déformation. Les cellules épithéliales ainsi englobées dans les tissus ne peuvent plus se desquamer, et par suite présentent ces déformations de contours et de structure que j'ai artificiellement reproduites en mettant un épithélium quelconque dans l'impossibilité de sortir de l'endroit où il se trouve. Ces déformations que que j'ai décrites dans le précédent paragraphe, ont comme on le sait, très-vivement préoccupé l'esprit des savants qui pendant un certain temps, ont fait des cellules ainsi altérées, l'élément caractérisque de l'affection cancéreuse.

Les éléments qui constituent ces tumeurs subissent des modifications d'une autre sorte et dont la cause doit être recherchée dans une nutrition des cellules s'effectuant d'une manière incomplète ; en effet un district de la nouvelle production peut se trouver assez éloigné des vaisseaux sanguins ; et les principes du plasma ne pénétrer qu'avec difficulté jusqu'aux éléments qui le composent. Des granulations graisseuses envahissent alors cet épithélium dont la nutrition est en souffrance et quelquefois se multiplient abondamment ; c'est ce phénomène qui a reçu le nom impropre de régression graisseuse, bien que cette épithète exprime une idée en opposition complète avec la réalité des faits. Quant aux cellules épithéliales dont la nutrition est tellement altérée que l'existence de ces éléments devient impossible, après avoir subi plusieurs modifications dans leur forme et dans leur constitution, elles se liquéfient, la matière qui la constitue fournit alors ce fluide si abondant parfois dans les tumeurs épithéliales, et qu'on a désigné sous le nom de suc cancéreux.

C'est aux faits que je viens d'exposer, en tenant compte toutefois aussi des éléments autres que l'épithélium entrant dans la constitution des tumeurs, qu'il faut demander l'explication des divers degrés de consistance que présentent les tumeurs dites cancéreuses. Aux causes de cet ordre sont dus, les caractères de mollesse ou de dureté de ces tumeurs ; et par conséquent, au point de vue de l'anatomie, on ne doit ajouter que peu d'importance aux dénominations de squirrhe, encéphaloïde, colloïde, etc. (1). Je me borne à ces considérations qui rentrent plus spécialement dans la physiologie des éléments épithéliaux. L'épithélium infiltré dans les tissus ne reste pas toujours dans les endroits où il est accumulé, fréquemment de là il est porté dans d'autres parties de l'organisme et il se dépose souvent en maints endroits, où il constitue des tumeurs analogues à celles d'où il provient. C'est ainsi que fréquemment on le voit transporté d'un point à un autre du corps sans qu'il soit possible de reconnaître par les traces qu'il laisse, les endroits où il a passé. L'étude de cette migration qui touche de si près au phénomène connu sous le nom de généralisation des tumeurs cancéreuses ou des épithéliums, m'a conduit à faire quelques expériences dont je vais rendre compte.

Ces expériences ont été faites tantôt avec de l'épithélium ordinaire, tantôt avec de l'épithélium pigmenté. Les résultats ne sauraient être modifiés par la présence de ce pigment, il joue purement et simplement le rôle de substance colorante et permet de voir avec plus de facilité les endroits où se rendent les cellules épithéliales, en même temps que la voie qu'elles ont suivie pour arriver à leur nouvelle position.

Le 10 mai 1866, on sectionna le bulbe à un chien de forte taille, j'ouvris immédiatement son abdomen et

(1) Notes inédites des cours de M. Robin, 1864-1865.

j'enlevai son pancréas. La glande fut mise dans un pilon, après avoir été sectionnée en petits morceaux; une très-petite quantité d'eau fut ajoutée, et je broyai fortement ces fragments. Quand l'organe fut réduit en une sorte de bouillie assez fluide, il fut placé dans un linge fin et solide, et là fortement pressé de manière à en exprimer tout le liquide. J'obtins ainsi environ un petit verre d'une liqueur brune rougeâtre. Cette liqueur, que j'examinai au microscope, contenait en suspension une multitude considérable d'épithéliums nucléaires, d'un volume assez considérable, et ne présentant pas traces d'altérations. Je mis de côté un peu de ce liquide que je conservai dans un tube bien bouché, le reste fut injecté sous la peau de plusieurs animaux. Deux cochons d'Inde et une chienne en reçurent une quantité proportionnée à leur volume ; l'injection fut faite sous la peau qui recouvre la face interne de la patte.

Le lendemain, un de ces cochons d'Inde mourut, environ trente-six heures après l'injection.

Je fis l'autopsie immédiatement après la mort. L'injection faite sous la peau avait produit un décollement assez considérable s'étendant jusqu'à la moitié de la face interne de la cuisse. Les muscles sous-jacents, de même que les tendons étaient pâles et parfaitement disséqués; une certaine portion du liquide injecté se retrouvait encore sous la peau et dans les interstices que les muscles laissaient entre eux. Les ganglions lymphatiques du pli de l'aine étaient très-volumineux et se prolongeaient assez loin de leurs limites habituelles; ils ne présentaient pas de changements de coloration.

Examinées au microscope, je les trouvai remplis d'épithélium nucléaire considérablement plus volumineux que d'autres éléments aussi nucléaires que j'y rencontrais. Le premier de ces épithéliums possédait un diamètre deux ou trois fois plus considérable que le second. Ces gros noyaux étaient accumulés en grande quantité dans toute l'étendue de la glande lymphatique et dans tous les points de sa masse. Examinés comparativement avec ceux que tenait en suspension la portion du liquide qu'hier j'avais mise de côté, je les trouvais entièrement semblables, et n'eus plus de doutes sur l'origine de ces volumineux éléments ; malgré leur similitude, ils présentaient cependant une différence insignifiante. Les épithéliums contenus dans les ganglions étaient moins foncés et moins granuleux que ceux du flacon. Quant au liquide contenu dans les interstices musculaires, c'était bien évidemment du liquide injecté la veille. Seulement, comparé goutte à goutte avec la liqueur conservée, il montrait beaucoup moins d'épithéliums en suspension que cette dernière. Les autres ganglions lymphatiques : de l'aisselle, bronchiques, et mésentériques, ne présentaient rien de particulier ; ils ne renfermaient que de l'épithélium nucléaire analogue aux éléments peu volumineux des ganglions inguinaux. Ces noyaux, qui sont les épithéliums nucléaires normaux des glandes lymphatiques du cochon d'Inde ne possèdent qu'un faible volume; leurs contours sont brillants et leur centre légèrement foncé.

Le deuxième cochon d'Inde ne succomba que dans la nuit du 12 au 13. Il présentait aussi un décollement assez considérable, mais pas de liquide sous la peau. Les ganglions inguinaux présentaient absolument les mêmes particularités que ceux que je viens de décrire. Seulement, chez celui-ci, on trouvait de l'épithélium pancréatique, non-seulement dans les ganglions inguinaux, mais encore dans les mésentériques, qui étaient devenus très-volumineux, et qui se montraient composés de la même façon. Les ganglions bronchiques et axillaires n'avaient rien de particulier.

Quant à la chienne, le lendemain du jour où fut faite l'injection, une tumeur du volume d'une noix existait encore au point où elle avait été pratiquée. Le lendemain tout le membre était gonflé et empâté. Quelques jours après, la tumeur était diminuée, mais l'animal ne posait pas sa patte à terre. Les ganglions du pli de l'aine étaient fortement engorgés, et même douloureux, si bien que non-seulement la chienne tenait sa patte constamment relevée, mais encore elle la maintenait dans l'abduction. Malheureusement cette chienne disparut du laboratoire, et je n'ai pu savoir ce qu'elle était devenue.

Dans le courant du mois de février 1867, mon ami, le Dr Goujon fit plusieurs expériences avec le pigment énaroïdien provenant des yeux très-frais de lapin ou de bœuf, d'où comme on le sait, on peut en extraire une assez grande quantité en râclant avec la pointe d'un scalpel. Du pigment ainsi recueilli, additionné d'une faible quantité d'eau, fut injecté dans une veine de la patte d'un jeune chien, qui fut sacrifié trois semaines après. Voici en quelques mots ce que son autopsie permit de constater : Les poumons avaient à l'intérieur l'aspect normal, mais en déchirant leur tissu, on observait contenues dans les vaisseaux, de petites masses noires, et cela surtout aux points de bifurcation. Ces masses étaient composées d'une grande quantité de granulations pigmentaires retenues dans du tissu lamineux provenant très-probablement de quelques débris de la choroïde, qui étaient venus faire de véritables embolies dans les vaisseaux de petit calibre. Les ganglions bronchiques étaient très-volumineux et complétement noirs, imprégnés par des granulations pigmentaires retenues dans leur intérieur. Cet animal était très-jeune, et ses poumons qui ne contenaient de matière noire que dans les vaisseaux, n'avaient nullement l'aspect de ceux des personnes qui ont été exposées aux poussières de charbon. La quantité de pigment qui se trouvait épars chez cet animal, était de beaucoup plus considérable que celle qui lui avait été injectée.

Le même jour, un lapin à qui on avait injecté sous la peau du dos, trois semaines auparavant, le pigment contenu dans un œil de bœuf, fut mis à mort. On trouva alors une grande quantité de pigment s'étendant sous forme de fausse membrane dont on pouvait enlever des lambeaux avec une pince à dissection. L'injection avait été faite au niveau du sacrum, et cette fausse membrane noire s'étendait depuis ce point jusqu'au cou. On ne trouvait pas de pigment ailleurs.

Des grenouilles à qui pareille injection avait été faite ont donné les mêmes résultats. Le pigment s'était étalé sous la peau, et les vaisseaux environnants étaient remplis de granulations pigmentaires; plusieurs ganglions étaient aussi noirs et volumineux. La fig. 5 de la Planche II montre une de ces glandes lymphatiques ainsi remplie de matière noire. On sait qu'il est fréquent de trouver du pigment noir à l'état normal sur divers organes des batraciens, mais jamais il ne se montre en aussi grande quantité.

Le 28 mai 1867, M. Houel apporta au laboratoire d'histologie de la Faculté une tumeur mélanique volumineuse, que le matin même il avait enlevée dans l'aisselle d'un malade à l'hôpital des Cliniques (1).

Cette tumeur est, selon toute apparence, un ganglion lymphatique de la région, hypertrophié à la suite de son envahissement par les granulations pigmentaires. La tumeur est assez ramollie pour qu'en la comprimant après l'avoir incisée, on puisse en faire sortir une bouillie épaisse d'un brun foncé, qui est entièrement constituée par un liquide dans lequel entrent en très-grande quantité des granulations pigmentaires, puis des cellules d'épithélium distendues par ces mêmes granulations qui les ont pénétrées et leur ont fait prendre les formes les plus diverses en les forçant de se comprimer les unes contre les autres dans différents sens. On trouve encore le noyau au centre ou sur le bord de quelques cellules épithéliales; mais, dans d'autres, il est impossible de le voir, il a disparu ou se trouve complétement masqué par les granulations. J'ai fait représenter, fig. 5, pl. II, les éléments histologiques qui à eux seuls constituaient presque entièrement la tumeur.

La trame de la tumeur est très-peu abondante, elle se compose seulement de quelques cloisons fibreuses qui caractérisent des cavités dans lesquelles se trouve la bouillie épaisse dont il est question plus haut, ces cloisons qui forment la charpente de la tumeur sont également noires, parce qu'une grande quantité de matière pigmentaire les imprègne. Mais les fibres lamineuses qui les constituent reprennent bien vite leur caractère si l'on a soin de les laver et de les soumettre aux réactifs. Elles se débarrassent complétement du pigment, qui n'est

(1) On trouvera l'observation de ce malade dans la *Gazette des hôpitaux*, juillet 1867. n° du mardi 23.

qu'interposé entre elles. C'est avec cette tumeur que mon ami Goujon et moi avons tenté plusieurs expériences sur les animaux suivants : deux jeunes chiennes que je possédais, et qui me servaient à quelques-unes des expériences dont j'ai rendu compte dans ce travail, un lapin et un gros rat blanc. Voici comment nous avons procédé. En exprimant au travers d'un linge quelques fragments de la tumeur, il était facile de recueillir plusieurs grammes de liquide tenant en suspension des granulations pigmentaires et des cellules qui en étaient remplies. C'est le liquide ainsi obtenu que nous avons injecté sous la peau des divers animaux dont j'ai parlé. Le lapin et le rat blanc moururent deux jours après l'injection qui leur fut faite sous la peau du dos. Leur autopsie ne présentait pas autre chose qu'une tuméfaction très-grande de toutes les parties voisines du point où nous avions introduit la matière étrangère, et un liquide séreux et rougeâtre dans lequel se trouvait une très-grande quantité de leucocytes volumineux, et quelques cellules épithéliales pleines de pigment, qui n'étaient autres, du reste, que celles qui avaient été introduites.

Des deux chiennes, l'une, dont l'histoire est rapportée plus haut, mourut par le chloroforme le 12 juin, au moment où je voulais pratiquer une expérience sur elle. Elle succomba quinze jours après l'injection que nous lui avons faite, et les différentes productions pathologiques qu'on trouva à son autopsie furent présentées à la Société de Biologie, le samedi suivant, 15 du même mois. L'injection avait été pratiquée à la partie interne de la cuisse gauche et dans le voisinage des ganglions inguinaux.

Voici ce que son autopsie nous permet de constater :

Sur le lieu même où a été pratiquée l'injection, il s'est développé une tumeur noire, aplatie, dont l'étendue est égale à une pièce de 5 francs en argent ; elle est un peu saillante sous la peau ; la matière noire qui la constitue a envahi la peau, le tissu cellulaire, et a pénétré les aponévroses et les espaces intermusculaires dans une assez grande étendue. Les ganglions lymphatiques voisins sont très-volumineux et de coloration noire très-foncée ; en disséquant avec soin, on peut suivre les vaisseaux lymphatiques de la tumeur aux glandes inguinales, on rencontre sur eux de petits renflements analogues à des ganglions, et cela dans des points où l'on n'en trouve pas ordinairement. Ces petites tumeurs sont également noires. Les ganglions lymphatiques des régions éloignées sont également très-volumineux, et leur forme est ou arrondie ou allongée, leur volume varie de la grosseur d'un pois à une noisette, mais tous présentent la coloration noire à des degrés divers. Un seul, à la région cervicale, était indemne conservant son volume et sa coloration normale. Deux autres, à la région axillaire du côté droit, n'étaient noirs que sur la moitié de leur étendue.

Les ganglions bronchiques sont volumineux et forment une couronne complète autour de la trachée ; ils sont tous envahis par la matière noire, et cette coloration paraît bien déterminée par les même causes que pour ceux des autres régions, car les poumons ne contiennent pas de charbon.

La deuxième chienne fut sacrifiée le 12 juillet, quarante-cinq jours après l'injection que nous avions faite dans la cavité abdominale à l'aide d'un trocart fin. La santé de l'animal n'en a paru jamais altérée.

En incisant la paroi abdominale dans le point où a été faite l'injection, on trouve une grande quantité de matière, qui forme une couche d'un demi-centimètre d'épaisseur, et qui va en s'amincissant à mesure qu'elle gagne en étendue, et cette étendue est de 8 à 10 centimètres; cette matière noire est surtout répandue à la surface des aponévroses et dans les gaînes qu'elles forment aux muscles abdominaux. On n'en trouve cependant pas au milieu des muscles; l'orifice qu'a fait la canule en pénétrant dans l'abdomen est resté ouvert à l'intérieur, et l'on trouve dans ce point un petit mamelon noir, qui fait saillie dans le ventre par cette ouverture. Une très-grande quantité de matière noire dessine sur le mésentère des arborisations nombreuses. Dans l'une des cornes de l'utérus se sont développées à trois centimètres environ l'une de l'autre deux petites tumeurs noires qui distendent cette cavité. Plusieurs ganglions ont une coloration noire, mais qui n'est pas aussi prononcée que sur le précédent animal; un seul ganglion à la région lombaire est très-noir et très-volumineux.

Quant à la matière qui produit les colorations anormales sous-cutanées, je l'ai toujours vue, soit libre, soit contenue dans des cellules d'épithélium criblées elles-mêmes de pigment.

Il se trouve encore, au moment où j'écris, dans le laboratoire de M. Robin, plusieurs animaux qui vivent et auxquels il a été injecté du pigment; l'un d'eux, entre autres, porte à la partie interne de la cuisse une petite tumeur noire qui n'est apparente que depuis quelques jours, bien que l'injection lui ait été faite depuis plusieurs mois. Ce que l'autopsie de ces animaux présentera de curieux sera ultérieurement publié.

Ainsi donc, voilà des faits qui peuvent se présenter chaque fois que l'épithélium sera infiltré dans les tissus. Répandu au sein des éléments anatomiques, il peut être transporté au loin, s'accumuler dans certains organes et envahir spécialement les ganglions. Mais une fois sorti des limites qui normalement le contiennent, non-seulement l'épithélium peut être transporté, mais il peut aussi se greffer sur place, et la masse épithéliale, placée à un certain endroit, acquérir un volume parfois considérable, et aussi, en même temps que se montre cet accroissement de volume, peuvent se passer des phénomènes de diffusion, à la suite desquels les divers ganglions, ou même divers points de l'organisme, se trouveront atteints et chargés de matière épithéliale. Ce fait est démontré de la façon la plus manifeste par une expérience que mon ami Goujon a faite au laboratoire.

Le 7 février 1867, sous la peau du dos d'un cabiai fut placé un fragment de tumeur épithéliale provenant du péritoine d'un animal de même espèce, dont la mort était causée par une généralisation de semblables productions. Le 22 février, le jeune cochon d'Inde succomba quinze jours après l'inoculation. Au point de la région dorsale, où on avait inséré le fragment du produit pathologique, existait une tumeur de la grosseur d'une amande; tous les viscères étaient également envahis par des petites tumeurs d'un volume variable. Le foie surtout contenait une multitude d'excroissances analogues. La rate, les poumons, le cœur, les reins et le péritoine présentaient aussi de petites masses s'implantant directement sur leur face extérieure. Les ganglions lymphatiques étaient assez volumineux, et sur plusieurs d'entre eux, le centre était singulièrement ramolli et même contenaient du pus. Toutes ces tumeurs étaient constituées par un élément anatomique fondamental, l'épithélium nucléaire qui seulement se présentait avec des dimensions variables; ces noyaux libres, très-abondants, n'étaient pas les seuls éléments : des corps fusiformes, et dans les ganglions des leucocytes, se montraient çà et là, mais dans aucune des masses pathologiques, ils n'étaient aussi abondants que l'élément épithélial.

Tels sont les faits que je tenais à exposer, car ils ont, je crois, une certaine importance au point de vue de la généralisation de l'affection cancéreuse. Je tiens aussi à ne les faire suivre d'aucune théorie sur ce grand fait pathologique. Les expériences que je viens de rapporter sont, je crois, indiscutables, et c'est sur des faits bien établis qu'il faut seulement établir des interprétations; toutefois il serait, je pense, prématuré de vouloir, dès aujourd'hui, fournir la solution du problème, des faits plus nombreux et plus variés sont nécessaires pour cela. Quand ils auront parlé, quand plusieurs expériences auront été faites, la théorie des phénomènes se montrera claire et indiscutable, corollaire obligé des résultats expérimentaux. Je serais trop heureux si les expériences que je viens de rapporter, contribuaient pour une partie, même très-minime, à l'explication de ce grand fait pathologique : la généralisation du cancer.

A. Parent, imprimeur de la Faculté de Médecine, rue M.-le-Prince, 31.

Pl. 1.

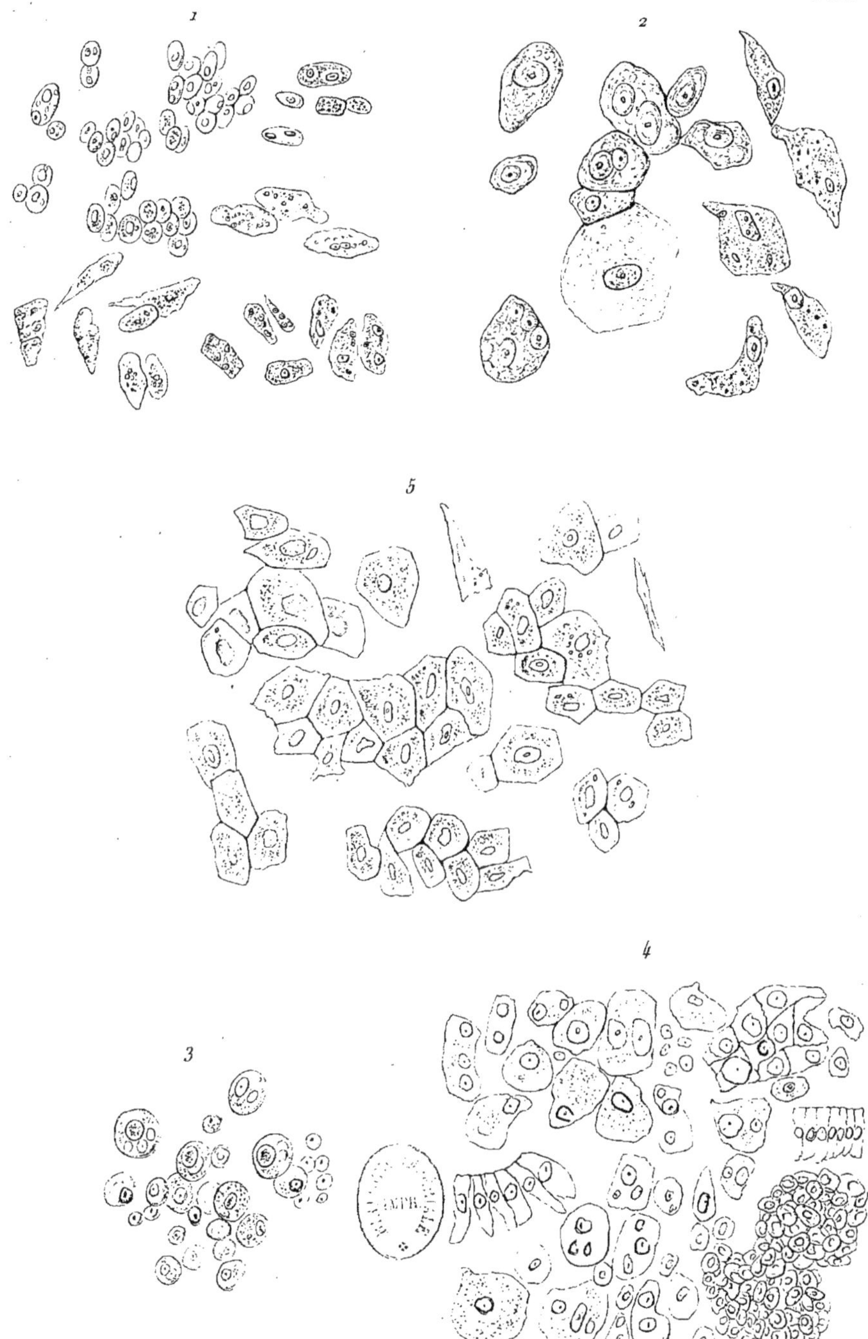

Cabadé et Roxan del.

Picart sc.

Imp. Houiste, r. Mignon, 5. Paris.

Pl. II.

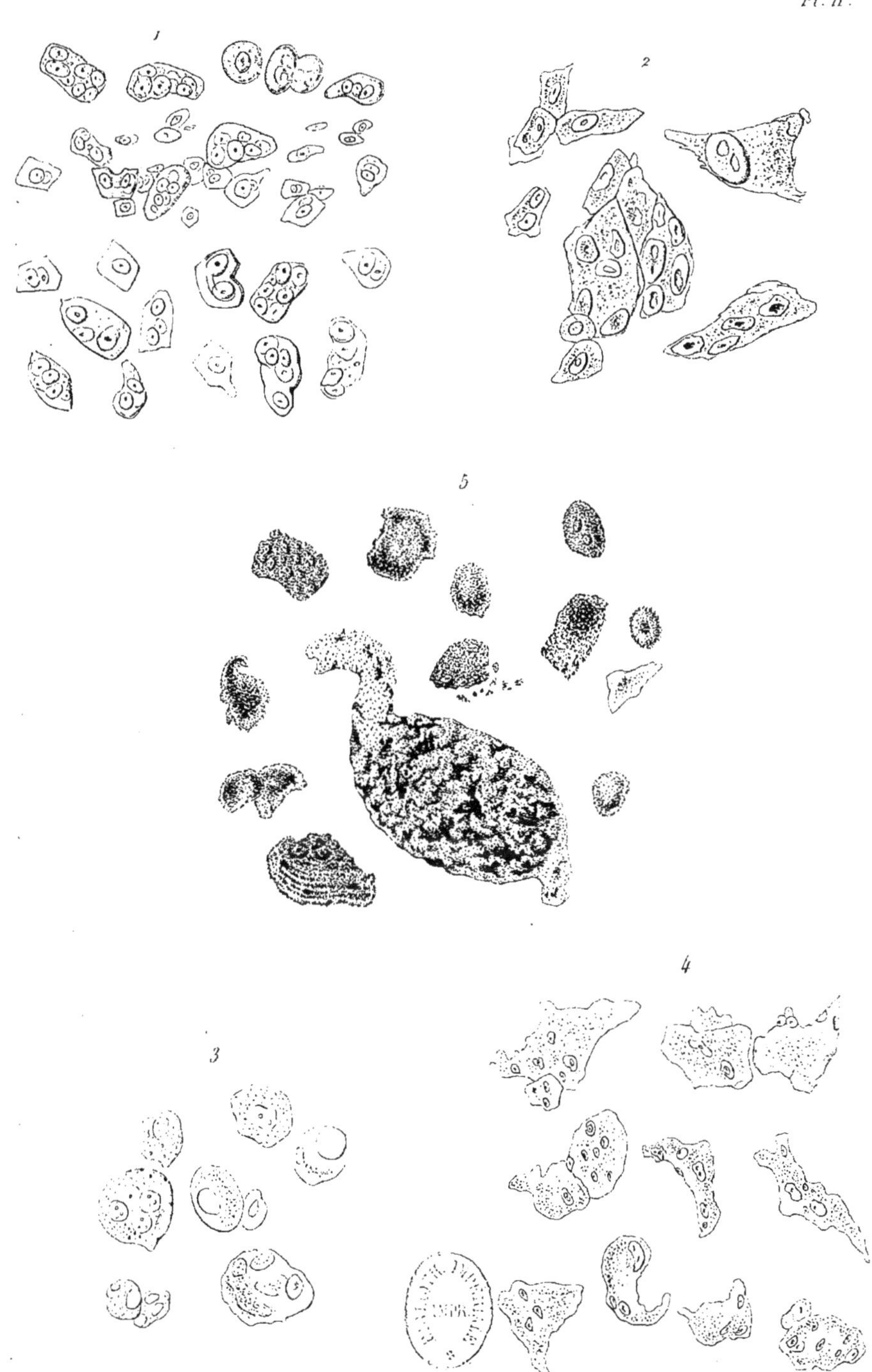

Cabadé et Rozan del.

Picart sc.

A. Parent, imprimeur de la Faculté de Médecine, rue Mr-le-Prince, 31.

www.ingramcontent.com/pod-product-compliance
Ingram Content Group UK Ltd.
Pitfield, Milton Keynes, MK11 3LW, UK
UKHW020350230726
13925UKWH00003B/1055